特种设备
安全管理和作业人员培训教材

《特种设备安全管理和作业人员培训教材》编委会 编

中国铁道出版社有限公司

2024年·北 京

内容简介

本书以向特种设备安全管理和作业人员普及特种设备安全管理知识和法律、法规为目的，按最新国家标准并结合现场实际编写而成。全书共九章，包括锅炉、压力容器（含气瓶）、压力管道、电梯、起重机械、客运索道、大型游乐设施、场（厂）内专用机动车辆等内容，分章节介绍各种特种设备的基础知识、使用安全管理、安全风险管理及典型事故案例等，既有理论知识阐述，又有案例分享。

本书可作为特种设备安全管理和作业人员资格认证考试的指导教材，也可以作为特种设备行业相关人员的专业参考书。

图书在版编目（CIP）数据

特种设备安全管理和作业人员培训教材 / 《特种设备安全管理和作业人员培训教材》编委会编． -- 北京：中国铁道出版社有限公司，2024. 9. -- ISBN 978-7-113-31511-5

Ⅰ. X93

中国国家版本馆 CIP 数据核字第 2024EK0405 号

书　　名：特种设备安全管理和作业人员培训教材
作　　者：《特种设备安全管理和作业人员培训教材》编委会

责任编辑：白小玉　　**编辑部电话：**（010）51873674　　**电子邮箱：**jiliang@tdpress.com
封面设计：郑春鹏
责任校对：苗　丹
责任印制：樊启鹏

出版发行：中国铁道出版社有限公司（100054，北京市西城区右安门西街 8 号）
网　　址：http://www.tdpress.com
印　　刷：天津嘉恒印务有限公司
版　　次：2024 年 9 月第 1 版　2024 年 9 月第 1 次印刷
开　　本：787 mm×1 092 mm　1/16　**印张：**14　**字数：**282 千
书　　号：ISBN 978-7-113-31511-5
定　　价：86.00 元

版权所有　侵权必究

凡购买铁道版图书，如有印制质量问题，请与本社读者服务部联系调换。电话：（010）51873174
打击盗版举报电话：（010）63549461

编委会

主　　任：李文东

主　　编：匡小宇　张俊兴　董文杰

副 主 编：朱国纬　欧阳帆　郭晓东　王田文

编写人员：招金福　徐旭辉　李代会　肖海峰

李文胜　刘　武　杨　锋　王科琼

王天涯　欧阳征　王　鑫　刘景锋

朱劲松　李一强　曾　峰　饶一文

审　　核：刘立俭　彭贵阳　莫仁和　徐世建

前言

随着社会经济的发展和技术的进步，特种设备在各行各业的应用越来越广泛，做好特种设备的安全管理工作显得尤为重要。特别是在铁路行业，随着运输里程不断增长，特种设备数量急剧增加，特种设备安全管理和作业人员的专业培训变得尤为迫切和必要。为了铁路运输的安全管理，编委会组织编写了《特种设备安全管理和作业人员培训教材》一书作为培训特种设备安全管理和作业人员的规范性教材。

本书以向特种设备安全管理和作业人员普及特种设备安全管理知识和法律、法规为目的，按最新国家标准并结合现场实际编写而成。本书共分九章，第一章概述、第二章锅炉、第三章压力容器、第四章压力管道、第五章电梯、第六章起重机械、第七章大型游乐设施、第八章客运索道、第九章场（厂）内专用机动车辆。各章节内容包括特种设备的基础知识、使用安全管理、安全风险管理及典型事故案例等，既有理论知识阐述，又有案例分享，特别是提供了紧急情况下的应急处理措施，从而减少人员伤亡和财产损失。本书除参考相关文献中列举的部分观点和内容外，还总结了特种设备专家在各自长期实践中积累的经验，对特种设备安全管理和作业人员的实际工作具有重要的指导作用。

本书内容丰富、条理清晰、结构完整，具有较强的科学性和实用性，既可作为特种设备安全管理和作业人员资格认证考试的指导教材，也可作为特种设备行业相关人员的专业参考书。

本书的编写得到了中国铁路广州局集团公司职培部、安监室、广州职工职业技能培训基地、株洲职工职业技能培训基地，以及广州铁路科技开发有限公司等单位相关专家的大力支持，特此表示感谢。

由于编者水平有限，书中难免存在不足和疏漏之处，恳请读者提出宝贵意见。

《特种设备安全管理和作业人员培训教材》编委会

2024 年 4 月

目 录

第一章 概 述

特种设备指对人身和财产安全有较大危险性的锅炉、压力容器（含气瓶，下同）、压力管道、电梯、起重机械、客运索道、大型游乐设施、场（厂）内专用机动车辆，以及法律、行政法规规定适用国家《中华人民共和国特种设备安全法》的其他特种设备。特种设备包括其所用材料、附属安全附件、安全保护装置和安全保护装置相关的设施，如图 1-1 所示。

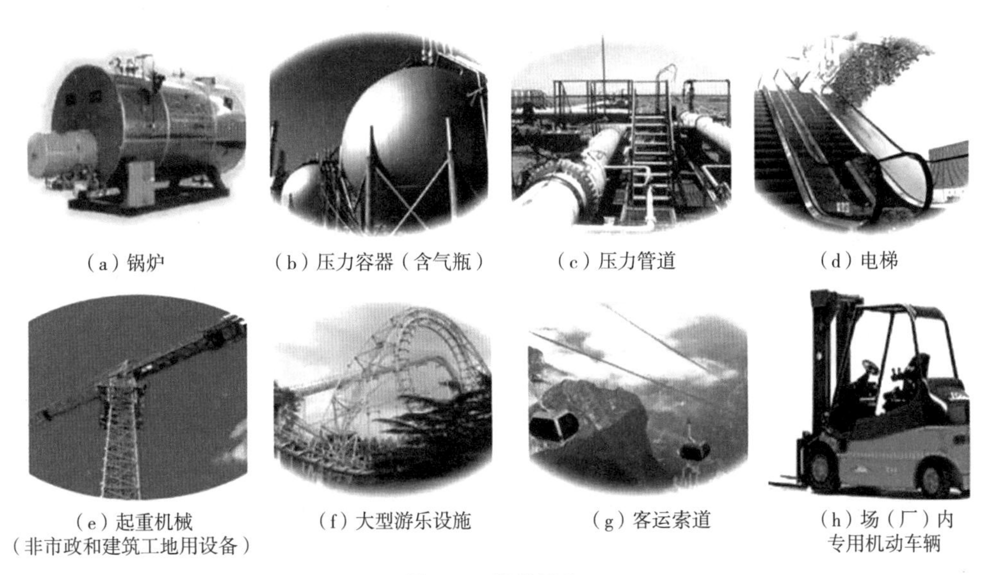

（a）锅炉　（b）压力容器（含气瓶）　（c）压力管道　（d）电梯

（e）起重机械（非市政和建筑工地用设备）　（f）大型游乐设施　（g）客运索道　（h）场（厂）内专用机动车辆

图 1-1　特种设备

第一节　特种设备使用安全管理简介

一、特种设备使用管理

1. 特种设备使用单位应当使用符合安全技术规范要求的特种设备。特种设备投入使用前，使用单位应当核对特种设备出厂时附带的相关文件；特种设备出厂时，应当附有安全技术规范要求的设计文件、产品质量合格证明、安装及使用维修说明、监督检验证明等文件。

2. 特种设备在投入使用前或者投入使用后30日内，特种设备使用单位应当向直辖市或者设区的市特种设备安全监督管理部门登记，如图1-2所示。登记标志应当置于或者附着于该特种设备的显著位置。

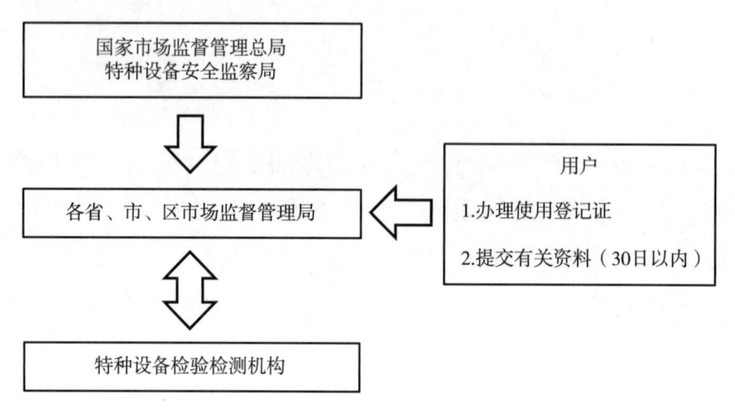

图1-2 特种设备使用登记示意

3. 特种设备使用单位应当建立特种设备安全技术档案。安全技术档案应包括以下内容：

（1）使用登记证。

（2）特种设备使用登记表。

（3）特种设备设计、制造技术资料和文件，包括设计文件、产品质量合格证明（含合格证及其数据表、质量证明书）、安装及使用维护保养说明、监督检验证书、型式试验证书等。

（4）特种设备安装、改造和修理的方案、图样、材料质量证明书和施工质量证明文件、安装改造修理监督检验报告、验收报告等技术资料。

（5）特种设备定期自行检查记录（报告）和定期检验报告。

（6）特种设备日常使用状况记录。

（7）特种设备及其附属仪器仪表维护保养记录。

（8）特种设备安全附件和安全保护装置校验、检修、更换记录和有关报告。

（9）特种设备运行故障和事故记录及事故处理报告。

4. 特种设备使用单位应当对在用特种设备进行经常性日常维护保养，并定期自行检查。

特种设备使用单位应当对在用特种设备至少每月进行1次自行检查，并进行记录。特种设备使用单位对在用特种设备进行自行检查和日常维护保养时发现异常情况的，应当及时处理。特种设备使用单位应当对在用特种设备的安全附件、安全保护装置、测量调控装置及有关附属仪器仪表进行定期校验、检修，并做出记录。

5. 特种设备使用单位应当按照安全技术规范的定期检验要求，在安全检验合格有效期届满前 1 个月向特种设备检验检测机构提出定期检验要求。检验检测机构接到定期检验要求后，应当按照安全技术规范的要求及时进行安全性能检验和能效测试。未经定期检验或者检验不合格的特种设备，不得继续使用。

6. 特种设备出现故障或者发生异常情况，使用单位应当对其进行全面检查，消除事故隐患后，方可重新投入使用。特种设备不符合能效指标的，特种设备使用单位应当采取相应措施进行整改。

7. 特种设备存在严重事故隐患，无改造及维修价值或者超过安全技术规范规定的使用年限，特种设备使用单位应当及时予以报废，并应当向原登记的特种设备安全监督管理部门办理注销。

8. 特种设备安全管理人员应当对特种设备使用状况进行经常性检查，发现问题时应当立即处理。情况紧急时，可以决定停止使用特种设备并及时报告本单位有关负责人。

9. 特种设备使用单位应当对特种设备作业人员进行特种设备安全、节能教育和培训，保证特种设备作业人员具备必要的特种设备安全、节能知识。

10. 特种设备作业人员在作业过程中发现事故隐患或者其他不安全因素，应当立即向现场安全管理人员和单位有关负责人报告。

二、特种设备办理登记实施

对特种设备必须根据《中华人民共和国特种设备安全法》的规定进行使用登记管理。下面以锅炉使用登记为例，进行详细说明，其他特种设备同样适用。

1. 使用锅炉的单位和个人（以下统称使用单位）应当按照本办法的规定办理锅炉使用登记，领取特种设备使用登记证（以下简称使用登记证），未办理使用登记证的锅炉不得擅自使用。锅炉使用登记证在锅炉定期检验合格期间内有效。

2. 国家市场监督管理总局负责全国锅炉使用登记的监督管理工作，县以上地方特种设备安全监督管理部门负责本行政区域内锅炉使用登记的监督管理工作。

3. 每台锅炉在投入使用前或者投入使用后 30 日内，使用单位应当向所在地的登记机关申请办理使用登记，领取使用登记证。使用单位使用租赁的锅炉压力容器，均由产权单位向使用地登记机关办理使用登记证，交使用单位随设备使用。

4. 使用单位申请办理使用登记应当按照下列规定，逐台向登记机关提交锅炉及其安全阀、爆破片和紧急切断阀等安全附件的有关文件：

（1）安全技术规范要求的设计文件，产品质量合格证明，安装及使用维修说明，制造、安装过程监督检验证明。

（2）进口锅炉安全性能监督检验报告。

（3）锅炉安装质量证明书。

（4）锅炉水处理方法及水质指标。

（5）移动式车辆走行部分和承压附件的质量证明书或者产品质量合格证及强制性产品认证证书。

（6）锅炉使用安全管理的有关规章制度。

（7）锅炉房内的分汽（水）缸随锅炉一同办理使用登记，不单独领取使用登记证。

5. 使用单位申请办理使用登记，应当逐台填写锅炉登记卡，一式两份，交予登记机关。登记机关接到使用单位提交的文件和填写的登记卡（以下统称登记文件）后，应当按照下列规定及时审核、办理使用登记：

（1）能够当场审核的，应当当场审核。登记文件符合本办法规定的，当场办理使用登记证；不符合规定的，应当出具不予受理通知书，书面说明理由。

（2）当场不能审核的，登记机关应当向使用单位出具登记文件受理凭证。使用单位按照通知时间凭登记文件受理凭证领取使用登记证或者不予受理通知书。

（3）对于 1 次申请登记数量在 10 台以下的，应当自受理文件之日起 5 个工作日内完成审核发证工作，或者书面说明不予登记理由；对于 1 次申请登记数量在 10 台以上 50 台以下的，应当自受理文件之日起 15 个工作日内完成审核发证工作，或者书面说明不予登记理由；对于 1 次申请登记数量超过 50 台的，应当自受理文件之日起 30 个工作日内完成审核发证工作，或者书面说明不予登记理由。

6. 登记机关办理使用登记证，应当按照“锅炉注册代码和使用登记证号码编制规定”编写注册代码和使用登记证号码。

7. 使用单位应当建立安全技术档案，妥善保存使用登记证、登记文件。

8. 使用单位应当将使用登记证悬挂在锅炉房内，并在锅炉的明显部位喷涂使用登记证号码。

9. 使用单位使用无制造许可证单位制造的锅炉时，登记机关不得给予登记。

第二节　特种设备安全管理和作业人员培训与考核

一、特种设备安全培训

特种设备安全培训工作对于提高监察、检验、管理、作业人员的素质水平，保证特种设备安全运行，减少事故，保障人民生命安全起到关键作用，意义重大。

特种设备安全领域里的办班培训工作范围广、工作量大、任务艰巨。培训对象既包括安全监察机构的领导与监察人员，也包括检验检测单位的检验、检测人员，还包括设计、制造、安装、使用、修理、改造单位的相关从业人员，甚至扩大到相关资质的鉴定评审人员，将以上人员统称为特种设备安全管理和作业人员。加强特种设备安全管理和作业人员培训需做好以下方面工作：

1. 明确办班培训目的。提高相关作业人员的政治素质和技术业务素质，保证特种设备安全运行是培训的主要目的。

2. 编著有针对性教材，选好授课人员。

培训教材应针对不同的培训对象分别编撰。对象不同，讲授的内容与要求不同；特种设备类型不同，工作机理、安全要求也不同。培训教材质量高低、针对性强与否是影响培训质量的重要因素。

授课人员的授课水平也是影响培训质量的重要因素。授课人员要有深厚的知识功底、丰富的实践经验和严谨的逻辑水平是提高培训质量的保障。

3. 严格考试纪律，检验培训成果。

二、特种设备作业人员考核规则有关要求

1. 特种设备作业人员应当按照本规则的要求，取得特种设备安全管理和作业人员证后，方可从事相应的作业活动。

2. 申请人应当符合下列条件：

（1）年龄 18 周岁以上且不超过 60 周岁，并且具有完全民事行为能力。

（2）无妨碍从事作业的疾病和生理缺陷，并且满足申请从事的作业项目对身体条件的要求。

（3）具有初中以上学历，并且满足相应申请作业项目要求的文化程度。

（4）符合相应考试大纲的专项要求。

3. 申请人应当向工作所在地或者户籍（户口或者居住证）所在地的发证机关提交下列申请资料：

（1）特种设备作业人员资格申请表。

（2）近期 2 寸正面免冠白底彩色照片（2 张）。

（3）身份证明（复印件 1 份）。

（4）学历证明（复印件 1 份）。

（5）体检报告（1 份，相应考试大纲有要求的）。

申请人也可通过发证机关指定的网上报名系统填报申请，并且附前款要求提交的资料的扫描文件（PDF 或者 JPG 格式）。

4. 特种设备作业人员的考试包括理论知识考试和实际操作技能考试，特种设备安全管理人员只进行理论知识考试。

考试实行百分制，单科成绩达到 70 分为合格；每科均合格，评定为考试合格。

5. 考试成绩有效期1年。单项考试科目不合格者，1年内可以向原考试机构申请补考1次。两项均不合格或者补考不合格者，应当向发证机关重新提出考核申请。

6. 持证人员应当在持证项目有效期届满的1个月以前，向工作所在地或者户籍（户口或者居住证）所在地的发证机关提出复审申请，并提交下列资料：

（1）特种设备作业人员资格复审申请表。

（2）特种设备安全管理和作业人员证。

7. 满足下列要求的，复审合格：

（1）年龄不超过60周岁。

（2）持证期间，无违章作业、未发生责任事故。

（3）持证期间，特种设备安全管理和作业人员证的聘用记录中所从事持证项目的作业时间连续中断未超过1年。

8. 复审不合格、证书有效期逾期未申请复审的持证人员，需要继续从事该项目作业活动的，应当重新申请取证。

9. 特种设备焊接作业人员按照相应的安全技术规范的规定复审。

10. 特种设备安全管理和作业人员证遗失或者损毁的，持证人员应当向原发证机关申请补发，并提交身份证明、遗失或者损毁的书面声明及近期2寸正面免冠白底彩色照片。原持证项目有效期不变。

11. 申请人对考试结果有异议，可以在考试结果发布后的1个月以内向考试机构提出复核要求，考试机构应当在收到复核申请的20个工作日以内予以答复；对考试机构答复结果有异议的，可以书面向发证机关提出申诉。

第三节　特种设备监督管理

一、特种设备监督检查

1. 特种设备生产单位应当依照相关规定及国务院特种设备安全监督管理部门制定并公布的安全技术规范（以下简称安全技术规范）的要求，进行生产活动。

特种设备生产单位对其生产的特种设备的安全性能和能效指标负责，不得生产不符合安全性能要求和能效指标的特种设备，不得生产国家产业政策明令淘汰的特种设备。

2. 锅炉、压力容器、客运索道、大型游乐设施及高耗能特种设备的设计文件，应当经国务院特种设备安全监督管理部门核准的检验检测机构鉴定后，方可用于制造。

3. 压力容器的设计单位应当经国务院特种设备安全监督管理部门许可后，方可从事压力容器的设计活动。

4. 按照安全技术规范的要求，应当进行型式试验的特种设备产品、部件或者试制特种设备新产品、新部件、新材料的，必须进行型式试验和能效测试。

5. 锅炉、压力容器、电梯、起重机械、客运索道、大型游乐设施及其安全附件、安全保护装置的制造、安装、改造单位，以及压力管道用管子、管件、阀门、法兰、补偿器、安全保护装置等（以下简称压力管道元件）的制造单位和场（厂）内专用机动车辆的制造、改造单位，应当经国家特种设备安全监督管理部门许可后，方可从事相应的活动。

特种设备的制造、安装、改造单位应当具备下列条件：

（1）有与特种设备制造、安装、改造相适应的专业技术人员和技术工人。

（2）有与特种设备制造、安装、改造相适应的生产条件和检测手段。

（3）有健全的质量管理制度和责任制度。

6. 锅炉、压力容器、电梯、起重机械、客运索道、大型游乐设施、场（厂）内专用机动车辆的维修单位，应当有与特种设备维修相适应的专业技术人员和技术工人及必要的检测手段，并经省、自治区、直辖市特种设备安全监督管理部门许可后，方可从事相应的维修活动。

7. 锅炉、压力容器、起重机械、客运索道、大型游乐设施的安装、改造、维修及场（厂）内专用机动车辆的改造、维修，必须由依照规定取得许可的单位进行。

电梯的安装、改造、维修，必须由电梯制造单位或者其通过合同委托、同意、依照规定取得许可的单位进行。电梯制造单位对电梯质量及安全运行涉及的质量问题负责。

特种设备安装、改造、维修的施工单位应当在施工前将拟进行的特种设备安装、改造、维修情况书面告知直辖市或者市级特种设备安全监督管理部门，告知后即可施工。

8. 锅炉、压力容器、电梯、起重机械、客运索道、大型游乐设施的安装、改造、维修及场（厂）内专用机动车辆的改造、维修竣工后，安装、改造、维修的施工单位应当在验收后30日内将有关技术资料移交使用单位，高耗能特种设备还应当按照安全技术规范的要求提交能效测试报告。使用单位应当将其存入该特种设备的安全技术档案。

9. 锅炉、压力容器、压力管道、起重机械、大型游乐设施的制造过程和锅炉、压力容器、电梯、起重机械、客运索道、大型游乐设施的安装、改造、重大维修过程必须经国务院特种设备安全监督管理部门核准的检验检测机构按照安全技术规范的要求进行监督检验；未经监督检验合格的，不得出厂或者交付使用。

10. 移动式压力容器、气瓶充装单位应当经省、自治区、直辖市特种设备安全监督管理部门许可后，方可从事充装活动。

11. 特种设备使用单位设立的特种设备检验检测机构，经国家特种设备安全监督管理部门核准，负责本单位核准范围内的特种设备定期检验工作。

12. 特种设备检验检测机构进行特种设备检验检测时，发现严重事故隐患或者能耗严重超标的，应当及时告知特种设备使用单位，并立即向特种设备安全监督管理部门报告。

13. 特种设备安全监督管理部门依照规定，对特种设备生产、使用单位和检验检测机构实施安全监察。对学校、幼儿园及车站、客运码头、商场、体育场馆、展览馆、公园等公众聚集场所的特种设备，特种设备安全监督管理部门应当实施重点安全监察。

14. 特种设备安全监督管理部门对特种设备生产、使用单位和检验检测机构实施安全监察时，应当有两名以上特种设备安全监察人员参加，并出示有效的特种设备安全监察人员证件。

15. 特种设备安全监督管理部门对特种设备生产、使用单位和检验检测机构实施安全监察时，应当对每次安全监察的内容、发现的问题及处理情况做出记录，并由参加安全监察的特种设备安全监察人员和被检查单位的有关负责人签字后归档。被检查单位的有关负责人拒绝签字的，特种设备安全监察人员应当将情况记录在案。

16. 特种设备安全监督管理部门对特种设备生产、使用单位和检验检测机构实施安全监察时，发现有违反规定和安全技术规范要求的行为或者在用的特种设备存在事故隐患、不符合能效指标的，应当以书面形式发出特种设备安全监察指令，责令有关单位及时采取措施，予以改正或者消除事故隐患。紧急情况下需要采取紧急处置措施的，应当随后补发书面通知。

17. 特种设备安全监督管理部门对特种设备生产、使用单位和检验检测机构实施安全监察，发现重大违法行为或者严重事故隐患时，应当在采取必要措施的同时，及时向上级特种设备安全监督管理部门报告。

二、特种设备作业人员监督管理

监督管理特种设备作业人员对确保特种设备安全运行、减少事故发生非常重要。监督管理特种设备作业人员的具体内容如下：

1. 锅炉、压力容器、压力管道、电梯、起重机械、客运索道、大型游乐设施、场（厂）内专用机动车辆等特种设备的作业人员及其相关管理人员统称特种设备作业人员。特种设备作业人员作业种类与项目目录由国家市场监督管理总局统一发布。

从事特种设备作业的人员应当按规定，经考核合格取得特种设备安全管理和作业人员证后，方可从事相应的作业或者管理工作。

2. 申请特种设备安全管理和作业人员证的人员，应当首先向省级特种设备安全监察部门指定的特种设备作业人员考试机构（以下简称考试机构）报名参加考试。

对特种设备作业人员数量较少而不需要在各省、自治区、直辖市设立考试机构的，由国家市场监督管理总局指定考试机构。

3. 特种设备生产、使用单位（以下统称用人单位）应当聘（雇）用取得特种设备安全管理和作业人员证的人员从事相关管理和作业工作，并对作业人员进行严格管理。

特种设备作业人员应当持证上岗，按章操作，发现隐患及时处置或者报告。

4. 特种设备作业人员考核发证工作由县以上特种设备安全监察部门分级负责。省级特种设备安全监察部门决定具体的发证分级范围，负责对考核发证工作的日常监督管理。

申请人经指定的考试机构考试合格的，持考试合格凭证向考试场所所在地的发证部门申请办理特种设备安全管理和作业人员证。

5. 特种设备作业人员考试和审核发证程序包括考试报告、考试、领证申请、受理、审核、发证。

6. 用人单位应当对作业人员进行安全教育和培训，保证特种设备作业人员具备必要的特种设备安全作业知识、作业技能和及时进行知识更新。作业人员未能参加用人单位培训的，可以选择专业培训机构进行培训。

7. 符合条件的申请人员应当向考试机构提交有关证明材料，报名参加考试。

8. 持有特种设备安全管理和作业人员证的人员必须经用人单位的法定代表人（负责人）或者其授权人聘（雇）用后，方可在许可的项目范围内作业。

9. 用人单位应当加强对特种设备作业现场和作业人员的管理，履行下列义务：

（1）制定特种设备操作规程和有关安全管理制度。

（2）聘用持证作业人员并建立特种设备作业人员管理档案。

（3）对作业人员进行安全教育和培训。

（4）确保持证上岗和按章操作。

（5）提供必要的安全作业条件。

（6）其他规定的义务。

10. 特种设备作业人员应当遵守以下规定：

（1）作业时随身携带证件，并自觉接受用人单位的安全管理和质监部门的监督检查。

（2）积极参加特种设备安全教育和安全技术培训。

（3）严格执行特种设备操作规程和有关安全规章制度。

（4）拒绝违章指挥。

（5）发现事故隐患或者不安全因素时，应当立即向现场管理人员和单位有关负责人报告。

（6）其他有关规定。

11. 特种设备安全管理和作业人员证每 4 年复审 1 次。持证人员应当在复审期届满 3 个月前，向发证部门提出复审申请。对持证人员在 4 年内符合有关安全技术规范规定的不间断作业要求和安全、节能教育培训要求，且无违章操作或者管理等不良记录、未造成事故的，发证部门应当按照有关安全技术规范的规定准予复审合格，并在证书正本上加盖发证部门复审合格章；复审不合格、逾期未复审的，其特种设备安全管理和作业人员证予以注销。

12. 特种设备作业人员未取得特种设备安全管理和作业人员证上岗作业，或者用人单位未对特种设备作业人员进行安全教育和培训的，按照《特种设备安全监察条例》的规定对用人单位予以处罚。

三、特种设备安全监察体制

我国实行的特种设备安全监察制度，具有强制性、体系性及责任性的特点。它主要包括行政许可、监督检查、事故处理和责任追究等内容。安全监察是负责特种设备安全的政府行政机关为实现安全目的而从事的决策、组织、管理、控制和监督检查等活动的总和。对特种设备实行安全监察是国务院赋予特种设备安全监督管理部门的职责和权力；安全监察活动是为了公众安全，从国家整体利益出发，以政府的名义并利用行政权力进行的。

根据现行法规，特种设备安全监察由政府行政监察机构和检验检测机构等共同实施。特种设备安全监察机构代表国家行使政府行政监督，检验检测机构作为安全监察的技术支撑，承担着技术检验工作。国务院、省（自治区、直辖市）市（地）、县特种设备安全监督管理部门设立特种设备安全监察机构，检验检测机构则分别由特种设备安全监察政府主管部门、行业及企业设立。特种设备安全监察、检验实行分级管理。政府检验机构可以承担所有法定项目的检验；企业和行业等社会检验机构从事在用设备的定期检验，其中企业检验机构负责本企业内部的在用设备的定期检验。为了提高行政效能，按照精简、效能原则，特种设备行政许可和事故调查中的一些具体的、技术性和事务性工作经由国家、省级特种设备安全监督管理部门认定或指定的鉴定评审机构、型式试验机构、考试机构承担，它们也是特种设备安全监察体制的组成部分。此外，有关协会、学会、科研院所、大专院校、技术委员会等组织也在特种设备安全方面发挥着技术支持的作用。

四、特种设备安全法规标准体系

鉴于特种设备具有潜在危险性的特点，世界上很多发达国家都有专门的法律来调整涉及特种设备安全的各种关系和行为。但由于特种设备安全监察内容广泛、技术性很强，很难在几部法律或法规中规定所有安全监察内容，所以大多数国家分层次制定安全监察规范，形成了多层次、较完善的法规体系。这些法律、法规授权政府职能部门行使有关管理，将特种设备进行强制性监督管理。另外，对特种设备的设计、制造、安装、使用、检验、修理、改造等环节提出监督管理和技术规范要求，而这些要求通常也是以法律、法规（政令、条例）、规章和技术规范的形式提出，并已形成了较为完整的特种设备安全法规标准体系。

目前，我国的特种设备安全法规标准体系由五个层面组成。第一层是法律，即由全国人民代表大会批准通过的《中华人民共和国特种设备安全法》；第二层是行政法规，即国务院《特种设备安全监察条例》；第三层是国务院部门规章，如《特种设备作业人员监督管理办法》《特种设备事故报告和调查处理规定》《起重机械安全监察规定》；第四层是国家特种设备安全监督管理部门颁布的安全技术规范，如《起重机械定期检验规则》《电梯监督检验和定期检验规则》等技术性规范文件；第五层是技术标准，主要是指被安全技术规范引用的国家标准和行业标准。

特种设备安全法规标准体系集合特种设备安全的各个要素，是对特种设备安全生产、安全监察、安全技术措施等的完整描述，是实现特种设备依法生产、依法使用、依法检验和依法监管的基础，是完善法治建设的重要内容。

特种设备安全法规标准体系的完善程度关系到国家利益和人民的切身利益，对我国特种设备产品的国际竞争力和我国特种设备制造业的发展也有深层次的影响。

复习题及参考答案

一、复习题

（一）判断题

1. 县级以上人民政府负责特种设备安全监督管理的部门接到事故报告，应当尽快核实情况，立即向本级人民政府报告。(　)

2. 发生特种设备较大事故，由设区的市级人民政府负责特种设备安全监督管理的部门会同有关部门组织事故调查组进行调查。(　)

3.《特种设备专业人员监督管理办法》规定有下列情形之一的，应当撤销特种设备安全管理和作业人员证:（1）持证作业人员因考试作弊或者以其他欺骗方式取得特种设备安全管理和作业人员证的。（2）持证作业人员违反特种设备的操作规程和有关的安全规章制度操作，情节严重的。（3）持证作业人员在作业过程中发现事故隐患或者其他不安全因素未立即报告，情节严重的。(　)

4. 特种设备是指对人身和财产安全有较大危险性的锅炉、压力容器、压力管道、电梯、起重机械、客运索道、大型游乐设施、场（厂）内专用机动车辆，以及法律、行政法规规定适用本法的其他特种设备。(　)

5.《特种设备专业人员监督管理办法》规定：特种设备安全管理和作业人员证遗失或者损毁的，持证人应当及时报告发证部门，并在当地媒体予以公告。查证属实的，由发证部门补办证书。(　)

（二）单选题

1.《中华人民共和国特种设备安全法》规定，从事本法规定的监督检验、定期检验的特种设备检验机构，以及为特种设备生产、经营、使用提供检测服务的特种设备检测机构，应经负责特种设备安全监督管理部门（　），方可从事检验、检测工作。

A. 许可　　B. 核准　　C. 认证

2.《中华人民共和国特种设备安全法》规定，特种设备使用单位应当向负责特种设备安全监督管理的部门办理使用登记。(　)应当置于或者附着于该特种设备的显著位置。

A. 使用证书　　B. 登记证号　　C. 登记标志　　D. 登记机关名称

3.《中华人民共和国特种设备安全法》规定，国家对特种设备实行目录管理。特种设备目录由国务院负责特种设备安全监督管理的部门制定，报（　）批准后执行。

A. 国务院　　B. 国家市场监管总局

4. 特种设备在生产（设计除外）、使用时，导致特种设备长时间不能正常运行或者可能造成人员伤亡的设备故障属于（　）。

A. 完全损坏　　B. 严重损坏　　C. 一般损坏　　D. 严重故障

5.《特种设备安全监察条例》规定，重大的事故由（　）组织事故调查。

A. 省市特种设备安全监督管理部门

B. 国务院特种设备安全监督管理部门会同有关部门国务院或其授权有关部门

6.《中华人民共和国特种设备安全法》是一部（　）。

A. 法律　　B. 行政法规　　C. 部门规章

7.《中华人民共和国特种设备安全法》规定，事故调查组应当依法、独立、（　）开展调查，提出事故调查报告。

A. 公开　　B. 公平　　C. 公正

8.《中华人民共和国特种设备安全法》规定，负责特种设备安全监督管理的部门实施安全监督检查时，应当有（　）以上特种设备安全监察人员参加，并出示有效的特种设备安全行政执法证件。

A. 一名　　B. 两名　　C. 三名

9.《中华人民共和国特种设备安全法》所称的县级以上地方特种设备安全监督管理部门在现行体制下是指（　）。

A. 安全生产监督管理部门　　B. 市场监督管理部门

C. 交通运输部门　　D. 劳动部门

10. 特种设备使用单位应当对特种设备作业人员进行特种设备安全教育和培训，保证特种设备作业人员具备必要的（　）。

A. 操作证　　B. 安全作业知识

C. 文化知识　　D. 上岗证

二、参考答案

（一）判断题

1. √　　2. ×　　3. √　　4. ×　　5. √

（二）单选题

1.B　　2.C　　3.A　　4.D　　5.B

6.A　　7.C　　8.B　　9.B　　10.B

第二章 锅　炉

锅炉是指利用各种燃料或其他能源，将盛装的液体加热到一定的参数，并通过对外输出介质的形式提供热能的设备，同时是直接受火焰和高温烟气加热、承受工作压力载荷、具有爆炸危险的特种设备。

锅炉由锅和炉以及相配套的安全附件、自控装置、附属设备组成。上面盛装液体或者导热油等介质的部分为锅，下面加热部分为炉，锅和炉的一体化设计称为锅炉。锅的原义指在火上加热的盛水容器，主要包括锅筒（锅壳）、水冷壁、过热器、再热器、省煤器、对流管束及集箱等；炉指燃烧燃料的场所，主要包括燃烧设备和炉墙等。

第一节　锅炉基础知识

一、锅炉分类

1. 按用途分为电站锅炉、工业锅炉和生活锅炉。

2. 按结构形式分为锅壳锅炉和水管锅炉。

3. 按锅壳位置分为立式锅炉和卧式锅炉。

4. 按燃烧室分布分为内燃式锅炉和外燃式锅炉。

5. 按使用燃料分为燃煤锅炉、燃油锅炉和燃气锅炉。

6. 按介质分为蒸汽锅炉、热水锅炉、有机热载体锅炉。

7. 按锅炉的蒸发量分为小型锅炉（$D < 20$ t/h）（D 为额定蒸发量，下同）、中型锅炉（20 t/h $\leqslant D \leqslant$ 75 t/h）、大型锅炉（$D >$ 75 t/h）。

8. 按循环压头分为自然循环锅炉、强制循环锅炉、复合锅炉。

9. 按安装方式分为整装锅炉和散装锅炉。

10. 按燃烧方式分为层燃锅炉、室燃锅炉、旋风锅炉、流化床锅炉。

二、锅炉设备级别

（一）A 级锅炉

1. 超临界锅炉，$P \geqslant 22.1$ MPa（P 为额定工作压力 / 额定出水压力 / 额定出口压力，下同）。

2. 亚临界锅炉，16.7 MPa $\leqslant P <$ 22.1 MPa。

3. 超高压锅炉，13.7 MPa $\leqslant P <$ 16.7 MPa。

4. 高压锅炉，9.8 MPa $\leqslant P <$ 13.7 MPa。

5. 次高压锅炉，5.3 MPa $\leqslant P <$ 9.8 MPa。

6. 中压锅炉，3.8 MPa $\leqslant P <$ 5.3 MPa。

（二）B 级锅炉

1. 蒸汽锅炉，0.8 MPa $< P <$ 3.8 MPa。

2. 热水锅炉，$P <$ 3.8 MPa，且 $T \geqslant$ 120 ℃（T 为额定出水温度，下同）。

3. 气相有机热载体锅炉，$Q >$ 0.7 MW（Q 为额定热功率，下同）；液相有机热载体锅炉，$Q >$ 4.2 MW。

（三）C 级锅炉

1. 蒸汽锅炉，$P \leqslant$ 0.8 MPa，且 $V >$ 50 L（V 为设计正常水位水容积，下同）。

2. 热水锅炉，0.4 MPa $< P <$ 3.8 MPa，且 $T <$ 120 ℃；$P \leqslant$ 0.4 MPa，且 95 ℃ $< T <$ 120 ℃。

3. 气相有机热载体锅炉，$Q \leqslant$ 0.7 MW；液相有机热载体锅炉，$Q \leqslant$ 4.2 MW。

（四）D 级锅炉

1. 蒸汽锅炉，$P \leqslant$ 0.8 MPa，且 $V \leqslant$ 50 L。

2. 热水锅炉，$P \leqslant$ 0.4 MPa，且 $T \leqslant$ 95 ℃。

3. D 级锅炉监察特殊要求如下：

（1）锅炉制造单位应当在锅炉显著位置标注“禁止超压　缺水运行”的安全警示；蒸汽锅炉铭牌上标明“使用年限不超过 8 年”。

（2）锅炉不需要安装告知，并且不实施安装监督检验；需安装单位和使用单位双方代表书面验收认可后，方可运行。

（3）锅炉不需要办理使用登记；不实行定期检验，但使用单位应当定期对锅炉安全状况自行进行检查。

（4）锅炉的操作人员不需要取得特种设备安全管理和作业人员证，但锅炉制造单位或者其授权的安装单位应当对作业人员进行操作、安全管理和应急处置培训，培训合格后出具书面证明。

三、锅炉及相关附属设备

1. 锅炉本体（图 2-1）

锅炉本体是由锅筒（锅壳）、启动（汽水）分离器及储水箱、受热面、集箱及其连接管道、炉膛、燃烧设备、空气预热器、炉墙、烟（风）道、构架（包括平台和扶梯）等所组成的整体。

图 2-1 锅炉本体

2. 锅炉范围内管道

（1）电站锅炉，包括锅炉主给水管道、主蒸汽管道、再热蒸汽管道等以及第一个阀门以内（不含阀门，下同）的支路管道。

（2）电站锅炉以外的锅炉，设置分汽（水、油）缸（以下统称分汽缸）的，包括给水（油）泵出口至分汽缸出口与外部管道连接的第一道环向焊缝以内的承压管道；不设置分汽缸的，包括给水（油）泵出口至主蒸汽（水、油）出口阀以内的承压管道。

3. 锅炉安全附件和仪表

锅炉安全附件和仪表包括安全阀、爆破片，压力测量、水（液）位测量、温度测量等装置（仪表），安全保护装置，排污和放水装置等。

4. 锅炉辅助设备及系统

锅炉辅助设备及系统包括燃料制备、水处理等设备及系统等。

三、锅炉检验

1. 锅炉定期检验安排

锅炉使用单位应当安排锅炉的定期检验工作，并且在锅炉下次检验日期前 1 个月向具有相应资质的检验机构提出定期检验申请。检验机构接受检验要求后，应当及时开展检验。

（1）定期检验周期规定

①外部检验，每年进行 1 次。

②内部检验，一般每 2 年进行 1 次，成套装置中的锅炉结合成套装置中的大修周期进行，A 级高压以上电站锅炉结合锅炉检修同期进行，一般每 3 ～ 6 年进行 1 次；首次内部检验在锅炉投入运行后 1 年进行，成套装置中的锅炉和 A 级高压以上电站锅炉可以结合第一次检修进行。

③水（耐）压试验，检验人员或者使用单位对锅炉安全状况有怀疑时，应当进行水（耐）压试验；因结构原因无法进行内部检验时，应当每 3 年进行 1 次水（耐）压试验。

④成套装置中的锅炉和 A 级高压以上电站锅炉由于检修周期等原因不能按期进行内部检验时，使用单位在确保锅炉安全运行（或者停用）的前提下，经过使用单位主要负责人审批后，可以适当延期安排内部检验（一般不超过 1 年且不得连续延期），并且向锅炉使用登记机关备案，注明采取的措施以及下次内部检验的期限。

（2）定期检验特殊情况

除正常的定期检验以外，锅炉有下列情况之一时，也应当进行内部检验：

①移装锅炉投运前。

②锅炉停止运行 1 年以上（含 1 年）需要恢复运行前。

（3）使用单位应当履行的义务

①安排锅炉的定期检验工作，并且在锅炉下次检验日期前至少 1 个月向检验机构提出定期检验申请。

②做好检验配合工作以及安全监护工作。

③对检验发现的缺陷和问题提出处理或者整改措施并且负责落实，及时将处理或者整改情况书面反馈给检验机构，对于重大缺陷，提供缺陷处理情况的鉴证资料。

2. 锅炉能效测试

锅炉使用单位每 2 年应当对在用锅炉进行 1 次定期能效测试，测试工作宜结合锅炉外部检验，由市场监督管理部门核准的能效测试机构进行。

办理锅炉使用登记时，使用单位应当提供锅炉产品能效相关情况。已进行过产品能效测试的，应当提供测试报告；需要在使用现场进行能效测试的，应当提供在规定时间内进行测试的书面承诺和时间安排，以便于市场监督管理部门进行监督检查。

锅炉能效指标不符合要求时，不得办理使用登记。

锅炉能效测试机构发现在用锅炉能耗严重超标时，应当告知使用单位及时进行整改，并且报告所在地的市场监督管理部门。

3. 锅炉水（介）质处理检验

锅炉水（介）质处理检验分为水（介）质处理定期检验和锅炉化学清洗过程监督检验。其中水（介）质处理定期检验包括水汽质量检验、水处理系统运行检验、锅炉内部化学检验和有机热载体检验。

新安装的锅炉应当结合锅炉安装监督检验进行水汽质量检验，投入运行后的工业锅炉每半年至少进行1次（连续两次合格的，每年1次）水汽质量检验，电站锅炉每年至少进行1次水汽质量检验。采用锅外水处理方式，并且额定蒸发量大于或等于1 t/h的蒸汽锅炉和额定热功率大于或等于0.7 MW的热水锅炉，每年进行1次水处理系统运行检验。水处理系统运行检验可以结合锅炉定期检验进行。

第二节　锅炉使用安全管理

一、锅炉使用单位管理要求

1. 锅炉使用单位职责

锅炉使用单位应当对其使用的锅炉安全负责，主要职责有：

（1）采购经监督检验合格的锅炉产品。

（2）按照锅炉使用说明书的要求运行。

（3）每月对所使用的锅炉至少进行1次检查，并且记录检查情况；月度检查内容主要为锅炉承压部件及其安全附件和仪表、联锁保护装置是否完好，燃烧器运行是否正常，锅炉使用安全与节能管理制度是否有效执行，作业人员证书是否在有效期内，是否按规定进行定期检验，是否对水（介）质定期进行化验分析，水（介）质未达到标准要求时是否及时处理，水封管是否堵塞，以及其他异常情况等。

（4）锅炉使用单位每年应对燃烧器进行检查，检查内容至少包括燃烧器管路是否密封、安全与控制装置是否齐全和完好、安全与控制功能是否缺失或者失效、燃烧器是否正常。

2. 锅炉使用单位主要义务

（1）建立并且有效实施特种设备安全管理制度和高耗能特种设备节能管理制度以及操作规程。

（2）采购、使用取得许可生产（含设计、制造、安装、改造、修理，下同）并且经检验合格的特种设备，不得采购超过设计使用年限的特种设备，禁止使用国家明令淘汰和已经报废的特种设备。

（3）设置特种设备安全管理机构，配备相应的安全管理人员和作业人员，建立人员管理台账，开展安全与节能培训教育，保存人员培训记录。

（4）办理使用登记，领取特种设备使用登记证（以下简称使用登记证），设备注销时交回使用登记证。

（5）建立特种设备台账及技术档案。

（6）对特种设备作业人员作业情况进行检查，及时纠正违章作业行为。

（7）对在用特种设备进行经常性维护保养和定期自行检查，及时排查和消除事故隐患，对在用特种设备的安全附件、安全保护装置及其附属仪器仪表进行定期校验（检定、校准，下同）、检修，及时提出定期检验和能效测试申请，接受定期检验和能效测试，并做好相关配合工作。

（8）制定特种设备事故应急预案，定期进行应急演练；发生事故及时上报，配合事故调查处理等。

（9）保证特种设备安全、节能必要的投入。

（10）法律、法规规定的其他义务。使用单位应当接受特种设备安全监督管理部门依法实施的监督检查。

3. 锅炉安全技术档案

使用单位应逐台建立锅炉安全技术档案并保存至设备报废，安全技术档案至少包括以下内容：

（1）特种设备使用登记证和特种设备使用登记表。

（2）锅炉的出厂技术资料及监督检验证书。

（3）锅炉安装、改造、修理、化学清洗等技术资料及监督检验证书或者报告。

（4）水处理设备的安装调试记录、水（介）质处理定期检验报告和定期自行检查记录。

（5）锅炉定期检验报告。

（6）锅炉日常使用状况记录和定期自行检查记录。

（7）锅炉及其安全附件、安全保护装置、测量调控装置校验报告、试验记录及日常维护保养记录。

（8）锅炉运行故障和事故记录及事故处理报告。

使用单位应当在设备使用地保存上述（1）、（2）、（5）、（6）、（7）、（8）中规定的资料和特种设备节能技术档案的原件或复印件，以便备查。

4. 管理制度

管理制度至少包括以下内容：

（1）岗位责任制，包括安全管理人员、班组长、运行作业人员、维修人员、水处理作业人员等职责范围内的任务和要求。

（2）巡回检查制度，明确定时检查的内容、路线和记录的项目。

（3）交接班制度，明确交接班要求、检查内容和交接班手续。

（4）锅炉及其辅助设备的操作规程，包括设备投运前的检查及准备工作、启动和正常运行的操作方法、正常停运和紧急停运的操作方法。

（5）设备维修保养制度，规定锅炉停（备）用防锈蚀内容和要求以及锅炉本体、安全附件、安全保护装置、自动仪表及燃烧和辅助设备的维护保养周期、内容和要求。

（6）水（介）质管理制度，明确水（介）质定时检测的项目和合格标准。

（7）安全管理制度，明确防火、防爆和防止非作业人员随意进入锅炉房要求，保证通道畅通的措施以及事故应急预案和事故处理方法等。

（8）节能管理制度，符合锅炉节能管理和有关安全技术规范的规定。

5. 锅炉操作规程

使用单位应当根据锅炉运行特点等制定操作规程。操作规程一般包括锅炉运行参数、操作程序和方法、维护保养要求、安全注意事项、巡回检查和异常情况处置规定，以及相应记录等。安全运行要求有：

（1）锅炉作业人员在锅炉运行前应做好各种检查，按照规定的程序启动和运行，不得任意提高运行参数，压火后应当保证锅水温度、压力不回升和锅炉不缺水。

（2）当锅炉运行中发生受压元件泄漏、炉膛严重结焦、液态排渣锅炉无法排渣、锅炉尾部烟道严重堵灰、炉墙烧红、受热面金属严重超温、水汽质量严重恶化等情况时，应当停止运行。

（3）蒸汽锅炉（电站锅炉除外）运行中遇到下列情况之一时，应当立即停炉：

①锅炉水位低于水位表最低可见边缘。

②不断加大给水并且采取其他措施后，水位仍然继续下降。

③锅炉满水（贯流式锅炉启动状态除外），水位超过最高可见水位，经过放水后仍然不能见到水位。

④给水泵失效或者给水系统故障，不能向锅炉给水。

⑤水位表、安全阀或者装设在蒸汽空间的压力表全部失效。

⑥锅炉元（部）件受损，危及锅炉运行作业人员安全。

⑦燃烧设备损坏，炉墙倒塌或者锅炉构架被烧红等，严重威胁锅炉安全运行。

⑧其他危及锅炉安全运行的异常情况。

（4）电站锅炉运行中遇到下列情况之一时，应当停止向炉膛输送燃料：

①锅炉严重缺水时。

②锅炉严重满水时。

③直流锅炉断水时。

④锅水循环泵发生故障，不能保证锅炉安全运行。

⑤水位装置失效无法监视水位。

⑥主要汽水管道泄漏或锅炉范围内连接管道爆破。

⑦再热器蒸汽中断（制造单位有规定者除外）。

⑧炉膛熄火。

⑨燃油（气）锅炉油（气）压力严重下降。

⑩安全阀全部失效或者锅炉超压。

⑪ 热工仪表失效、控制电（气）源中断，无法监视、调整主要运行参数。

⑫ 严重危及人身和设备安全以及制造单位有特殊规定的其他情况。

二、维护保养与检查

1. 经常性维护保养

锅炉使用应当根据锅炉特性和使用状况对特种设备进行经常性维护保养，维护保养应当符合有关安全技术规范和产品使用维护保养说明的要求。对发现的异常情况及时处理，并且作出记录，保证在用锅炉始终处于正常使用状态。

2. 定期自行检查

为保证锅炉的安全运行，特种设备使用单位应当根据所使用锅炉的类别、品种和特性进行定期自行检查。定期自行检查的时间、内容和要求应当符合有关安全技术规范的规定及产品使用维护保养说明的要求。

3. 水（介）质

以水为介质产生蒸汽的锅炉使用单位，应当做好锅炉水（介）质的处理和监测工作，保证水（介）质质量符合相关要求。

4. 移装

特种设备移装后，使用单位应当办理使用登记变更。整体移装的，使用单位应当进行自行检查；拆卸后移装的，使用单位应当选择取得相应许可的单位进行安装。按照有关安全技术规范要求，拆卸后移装需要进行检验的，应当向特种设备检验机构申请检验。

三、使用登记

1. 一般要求

（1）锅炉在投入使用前或者投入使用后 30 日内，使用单位应向特种设备所在地的直辖市或者设区的市的特种设备安全监督管理部门申请办理使用登记。办理使用登记的直辖市或者设区的市的特种设备安全监督管理部门，可以委托其下一级特种设备安全监督管理部门（以下简称登记机关）办理使用登记。

（2）国家明令淘汰或者已经报废的锅炉及不符合安全性能或者能效指标要求的锅炉，不予办理使用登记。

（3）锅炉与用热设备之间的连接管道总长小于或等于 1 000 m 时，该锅炉及其相连接的管道可由持有锅炉安装许可证的单位一并进行安装，由具备相应资质的安装监检机构一并实施安装监督检验，并可随锅炉一并办理使用登记。

2. 登记方式

锅炉应按台向登记机关办理使用登记，D 级锅炉不需要办理使用登记。

3. 使用登记程序

使用登记程序，包括申请、受理、审查和颁发使用登记证。

使用单位申请办理特种设备使用登记时，应当逐台填写使用登记表，向登记机关提交以下相应资料，并且对其真实性负责：

①使用登记表（一式两份）。

②含有使用单位统一社会信用代码的证明。

③锅炉产品合格证。

④特种设备监督检验证明。

⑤锅炉能效测试证明。

锅炉房内的分汽缸随锅炉一同办理使用登记；锅炉与用热设备之间的连接管道总长小于或等于 1 000 m 时，压力管道随锅炉一同办理使用登记；登记时另提交分汽缸的产品合格证（含产品数据表），但是不需要单独领取使用登记证。

4. 停用

锅炉拟停用 1 年以上的，使用单位应当采取有效的保护措施，并且设置停用标志，在停用后 30 日内填写特种设备停用报废注销登记表，告知登记机关。重新启用时，使用单位应当进行自行检查，到使用登记机关办理启用手续；超过定期检验有效期的，应当按照定期检验的有关要求进行检验。

5. 报废

对存在严重事故隐患，无改造、修理价值的锅炉，或者达到安全技术规范规定报废期限的，应当及时予以报废，产权单位应当采取必要措施消除该锅炉的使用功能。锅炉报废时，按台登记的特种设备应当办理报废手续，填写特种设备停用报废注销登记表，向登记机关办理报废手续，并且将使用登记证交回登记机关。

四、锅炉使用单位现场安全监察重点

1. 所使用的特种设备（锅炉）是否为合格产品，是否办理注册登记手续并具有使用证。

2. 检查使用单位是否设置安全管理机构或配备专兼职管理人员，是否按规定建立安全管理制度和岗位安全责任制度，是否制定事故应急专项预案并有演练记录。

3. 检查使用单位是否建立锅炉档案，档案是否齐全，保管是否良好，是否按规定进行日常维护并有记录，是否有运行、检修和日常巡检记录。

4. 检查使用单位安全管理人员、作业人员是否按规定具有有效证件。

5. 检查锅炉安全附件及安全保护装置是否有效，是否在检定有效期内。

6. 检查锅炉外部检验和内部检验报告是否合格，是否在有效期内。

7. 检查锅炉水质报告是否合格，是否在有效期内。

8. 检查锅炉能效测试报告是否合格，是否在有效期内。

第三节　锅炉安全风险控制

根据《危险化学品重大危险源辨识》GB 18218—2018 及《国家安全监管总局关于宣布失效一批安全生产文件的通知》（安监总办〔2016〕13 号）文件要求，已取消锅炉列入重大危险源的划分范畴。但是，建议符合下列条件的锅炉使用单位将锅炉列入高风险作业管理，制定专项预案并按要求进行演练：

（1）蒸汽锅炉：额定蒸汽压力＞ 2.5 MPa，且额定蒸发量＞ 10 t/h。

（2）热水锅炉：额定出水温度≥ 120 ℃，且额定热功率＞ 1.4 MW。

一、锈锅炉附件管理

1. 安全阀

每台蒸汽锅炉应当至少装设 2 个安全阀（不包括省煤器上的安全阀）。对于额定蒸发量≤ 0.5 t/h 的蒸汽锅炉或者额定蒸发量＜ 4 t/h 且装有可靠的超压联锁保护装置的蒸汽锅炉，可以只装设 1 个安全阀。蒸汽锅炉的可分式省煤器出口处、蒸汽过热器出口处、再热器入口处和出口处都必须装设安全阀。

锅筒（锅壳）和过热器上的安全阀的总排放量必须大于锅炉额定蒸发量，并且在锅筒（锅壳）和过热器上的所有安全阀开启后，锅筒（锅壳）内蒸汽压力不得超过设计时计算压力的 1.1 倍。对于额定蒸汽压力≤ 3.8 MPa 的蒸汽锅炉，安全阀的流道直径不应小于 25 mm；对于额定蒸汽压力＞ 3.8 MPa 的蒸汽锅炉，安全阀的流道直径不应小于 20 mm。

额定热功率＞ 1.4 MW 的热水锅炉应当至少装设 2 个安全阀，额定热功率≤ 1.4 MW 的应当至少装设 1 个安全阀。热水锅炉上设有水封安全装置时，可以不装设安全阀，但水封装置的水封管内径不应小于 25 mm，且不得装设阀门，同时应有防冻措施。热水锅炉安全阀的泄放能力应当满足所有安全阀开启后锅炉不超过设计压力的 1.1 倍。对于额定出口热水温度低于 100 ℃的热水锅炉，当额定热功率≤ 1.4 MW 时，安全阀的流道直径不应小于 20 mm；当额定热功率＞ 1.4 MW 时，安全阀的流道直径不应小于 32 mm。几个安全阀如果共同装设在一个与锅筒（锅壳）直接相连接的短管上，则短管的流通截面积应不小于所有安全阀流道面积之和。安全阀应当垂直安装，并应装在锅筒（锅壳）、集箱的最高位置。在安全阀和锅筒（锅壳）之间或者安全阀和集箱之间，不得装有取用蒸汽或者热水的管路和阀门。安全阀上应当装设泄放管，在泄放管上不允许装设阀门。

泄放管应当直通安全地点，并有足够的截面积和防冻措施，以保证排水畅通。安全阀有下列情况之一时，应当停止使用并更换：

（1）安全阀的阀芯和阀座密封不严且无法修复。

（2）安全阀的阀芯与阀座粘死或者弹簧严重腐蚀、生锈。

（3）安全阀选型错误。

2. 压力表

每台蒸汽锅炉除必须装有与锅筒（锅壳）蒸汽空间直接相连接的压力表外，还应当在给水调节阀前、可分式省煤器出口、过热器出口和主汽阀之间、再热器出入口、强制循环锅炉水循环泵出入口、燃油锅炉油泵进出口、燃气锅炉的气源入口等部位装设压力表。每台热水锅炉的进水阀出口和出水阀入口、循环水泵的进水管和出水管上都应当装设压力表。在额定蒸汽压力＜ 2.5 MPa 的蒸汽锅炉和热水锅炉上装设的压力表，其精确度不应低于 2.5 级；额定蒸汽压力≥ 2.5 MPa 的蒸汽锅炉，其压力表精确度不应低于 1.5 级。

压力表应当根据工作压力选用。压力表表盘刻度极限值应为工作压力的 1.5 ～ 3 倍，最好选用 2 倍。压力表表盘大小应当保证司炉人员能够清楚地看到压力指示值，表盘直径不应小于 100 mm。压力表装设应当符合的要求有：装设在便于观察和冲洗的位置，并应防止受到高温、冰冻和震动的影响；有缓冲弯管，弯管采用钢管时，其内径不应小于 10 mm；压力表和弯管之间应装有三通旋塞，以便冲洗管路、卸换压力表等。

压力表有下列情况之一时，应当停止使用并更换：

（1）有限止钉的压力表，在无压力时，指针不能回到限止钉处。

（2）无限止钉的压力表，在无压力时，指针距零位的数值超过压力表的允许误差。

（3）表盘封面玻璃破裂或者表盘刻度模糊不清。

（4）封印损坏或者超过检验有效期限。

（5）表内弹簧管泄漏或者压力表指针松动。

（6）指针断裂或者外壳腐蚀严重。

（7）其他影响压力表准确指示的缺陷。

3. 水位表

每台蒸汽锅炉应当至少装设 2 个彼此独立的水位表，但符合下列条件之一的蒸汽锅炉可以装设 1 个直读式水位表：

（1）额定蒸发量≤ 0.5 t/h 的锅炉，电加热锅炉额定蒸发量≤ 2 t/h 且装有 1 套可靠的水位示控装置的锅炉。

（2）装有 2 套各自独立的远程水位显示装置的锅炉。

水位表应当装在便于观察的地方。水位表距离操作地面高于 6 m 时，应当加装远程水位显示装置。远程水位显示装置的信号不能取自一次仪表。水位表应当装有指示最高、最低安全水位和正常水位的明显标志。水位表的下部可见边缘至少应比最高水位高50 mm，且应比最低安全水位至少低25 mm；水位表的上部可见边缘应当比最高安全水位至少高25 mm。

水位表应当有放水阀门和接到安全地点的防水管。水位表（水表柱）和锅筒（锅壳）之间的连接管上应当有阀门，且锅炉运行时阀门必须处于全开位置。水位表有下列情况之一时，应当停止使用并更换，超过检修周期，玻璃板（管）有裂纹、破碎，阀件固死，出现假水位，水位表指示模糊不清。

二、锅炉安全管理要点

1. 使用定点厂家的合格产品

国家对锅炉压力容器的设计与制造有严格的要求，实行定点生产制度。锅炉压力容器的制造单位必须具备保证产品质量所必需的加工设备、技术力量、检验手段和管理水平。购置、选用的锅炉压力容器应是定点厂家的合格产品，并有齐全的技术文件、产品质量合格证明书和产品竣工图。

2. 登记建档

锅炉压力容器在正式使用前，必须到当地特种设备安全监察机构登记，经审查批准入户建档、取得使用证后方可使用。使用单位也应建立锅炉压力容器的设备档案，保存设备的设计、制造、安装、使用、修理、改造和检验等过程的技术资料。

3. 专责管理

使用锅炉压力容器的单位应对设备进行专责管理，并设置专门机构，责成专门的领导和技术人员负责管理设备。

4. 持证上岗

锅炉司炉、水质化验人员及压力容器操作人员应分别接受专业安全技术培训并经考试合格，持证上岗。

5. 照章运行

锅炉压力容器必须严格依照操作规程及其他法规操作运行，任何人在任何情况下不得违章作业。

6. 定期检验

定期检验是指在设备的设计使用期限内，每隔一定的时间对其承压部件和安全装置进行检查或做必要的试验。进行定期检验是及早发现缺陷、消除隐患、保证设备安全运行的一项行之有效的措施。锅炉压力容器定期检验分为外部检验、内部检验和耐压试验。实施特种设备法定检验的单位，须取得国家特种设备安全监督管理部门的核准资格。

7. 监控水质

水中杂质使锅炉结垢、腐蚀及产生汽水共腾，会降低锅炉使用效率、使用寿命及供汽质量。必须严格监督、控制锅炉给水及锅水水质，使之符合锅炉水质标准的规定。

8. 报告事故

若锅炉压力容器在运行中发生事故，除紧急妥善处理外，应按规定及时、如实上报主管部门及当地特种设备安全监察部门。

三、检修维修状态下的风险管理

锅炉维修作业应委托有资质的单位及有相关操作证件的从业人员进行维修作业，承包方作业过程必须遵循以下规定：

1. 严格执行发包方的“相关方管理规定”，禁止违章作业、违反规定进入未经允许场所。

2. 维修作业过程严格执行操作管理制度及操作规程。

3. 执行许可制度，执行工作票。

4. 有相应的防护设施及措施，如设置通风设施、气体检测仪及应急处理设施及措施。

5. 参照“有限空间”作业相关管理规定及操作规程进行作业。

6. 锅炉的检修。检修锅炉前，须完成的准备工作有：

（1）检修锅炉前，应使锅炉按正常程序停炉，缓慢冷却，用锅水循环和炉内通风等方式，逐步把锅内和炉膛内的温度降下来。当锅水温度降到 80 ℃以下时，打开被检验锅炉上的各种门孔。打开门孔时应防止被蒸汽、热水或烟气烫伤。

（2）被检验锅炉上的蒸汽、给水、排污等管道应与其他运行中锅炉相应管道的通路隔断。隔断用的盲板要有足够的强度，以免被运行中的高压介质鼓破。隔断位置要明确标示出来

（3）被检验锅炉的燃烧室和烟道应与总烟道或其他运行锅炉相通的烟道隔断。烟道闸门要关严密，并于隔断后进行通风。

四、检修中的安全注意事项

（1）注意通风和监护。在进入锅筒前，必须将锅筒上的人孔和集箱上的手孔全部打开，使空气对流一定时间，充分通风。进入锅筒检验时，锅筒外必须有人监护。在进入烟道或燃烧室检查前，也必须通风。

（2）注意用电安全。在锅筒和潮湿的烟道内检验而用电灯照明时，其电压不应超过 24 V；在比较干燥的烟道内且有妥善的安全措施情况下，可采用不高于 36 V 的照明电压。进入容器检验时，应使用电压不超过 12 V 或 24 V 的低压防爆灯。检验仪器和修理工具的电源电压超过 36 V 时，必须采用绝缘良好的软线和可靠的接地线。锅炉、容器内严禁采用明火照明。

（3）禁止带压拆装连接部件。检验锅炉时，如需要卸下或上紧承压部件的紧固件，必须将压力全部泄放后方能进行，不能在容器内有压力的情况下卸下或上紧螺栓及其他紧固件，以防发生意外事故。

（4）禁止自行以气压试验代替水压试验。锅炉的耐压试验一般都用水作为加压介质；不能用气体作为加压介质，否则十分危险。个别锅炉由于结构等方面的原因，不能用水做耐压试验时，即使设计规定可以用气压代替水压，也要在试验前经过全面检查，核算强度，并按设计规定认真采取切实可靠的措施后方能进行，同时应事先取得有关部门的同意。

五、安全管理制度

建立健全安全管理制度、操作规程、岗位职责（以燃气锅炉为例），管控风险。

（一）巡回检查制度

为了保证锅炉及其附属设备正常运行，以代班为主按下列顺序每 2 h 至少进行 1 次巡查：

1. 鼓风机引风是否正常，电动机和轴承升温是否超限。

2. 检查燃烧设备和燃烧工艺是否正常。

3. 检查锅炉受压元件可见部位和炉墙等部位是否有异常。

4. 检查水温水位、给水泵轴承电动机温度、各阀开关位置和水压力等是否正常。

5. 检查是否漏电及水膜除尘器水量大小。

6. 检查安全附件和一次仪表、二次仪表量是否正常，各项指标信号有无异常变化。

7. 风机、水泵等润滑部位的油位是否正常。

巡回检查发现问题要及时处理，并将检查结果记入锅炉及附件设备运行记录内。

（二）锅炉设备维修保养制度

锅炉设备的维修保养是在不停炉的情况下进行经常性的维护修理。结合巡回检查发现的问题，在不停炉能维修时维修。

1. 维修保养的主要内容

（1）一只水位表玻璃管损坏（如出现漏水、漏气），用另外的水位表观察水位，及时修复损坏的水位表。

（2）压力表损坏、表盘不转动时及时维修，不能维修的要更换。

（3）冒、滴、漏的阀门能维修的及时维修，不能维修的要更换。转动机械润滑油路保持畅通，油杯保持一定的油位。

（4）检查及维修上煤机、出渣机、炉排、风机、给水管道阀门、给水泵等。

（5）检查及维修二次仪表和保护装置。

（6）清除设备及附属设备上的灰尘。

2. 对安全附件试验校验的要求

（1）安全阀每年至少校验 1 次。锅炉运行中安全阀应当定期进行排放试验，每周至少进行 1 次。

（2）压力表每半年至少校验1次，并在刻度盘上刻划标示工作压力红线，校后铅封。

（3）高、低水位报警器，低水位联锁装置、超压、超温报警器，超压联锁装置，每月至少做 1 次报警联锁试验。

（4）设备维修保养和安全附件试验校验情况，要做好详细记录，锅炉房管理人员应定期抽检。

（三）锅炉工交接班制度

1. 接班人员按规定班次和规定时间提前到锅炉房做好接班准备工作，并详细了解锅炉运行情况。

2. 交接者提前做好准备工作，进行全面认真的检查和调整保持锅炉运行正常。

3. 交接班时，如果接班人员没有按时到达现场，交班人员不能离开工作岗位。

4. 交班者需要做到“五交”“五不交”。

（1）五交：锅炉燃烧压力水温正常；锅炉安全附件、报警和保护装置灵敏可靠；锅炉体和附件设备无异常；锅炉运行资料、备件、工具、用具齐全；锅炉房清洁卫生，文明生产。

（2）五不交：不交给喝酒和生病的司炉人员；锅炉车体和附属设备出现异常现象时不交接；在事故处理时不进行交接；接班人员不到时不交给无证司炉人员；锅炉压力、水位、温度和燃烧不正常不交接。

5. 交班时由双方共同巡回检查，路线逐点、逐项检查，将要交接班的内容和存在的问题认真记录在案。

6. 交接班要交上级有关锅炉运行的指令。

7. 交接者在交接班记录中签字后，发现设备有缺陷应由交班人负责。

（四）水处理交接班制度

1. 交班人员在交班前对水处理设备和化验仪器、药品进行全面检查，具备下列条件时能接班：

（1）水处理设备正常，软水主要指标合格。

（2）锅炉碱度、pH 值、氯根等项指标合格。

（3）化验仪器、玻璃器具和分析用药品齐全完好。

（4）工作场所清洁卫生，物品摆放整齐。

（5）水处理设备运行和化验记录填写正确、准确、完整，严禁弄虚作假。

2. 交班人员要向接班人员介绍设备运行情况，以及水质化验和锅炉排污等方面出现的问题。

3. 没有办理交班手续，交班人员不准离开工作岗位。

4. 接班人员应按规定时间到达工作岗位，查阅交班记录，听取交班情况介绍。

5. 交接班人员共同检查软水处理设备、化验仪器、药品等是否齐全正常，并对软水锅炉主要指标进行化验，合格后方能正常交接班。

6. 接班人员未能按时交接班，交班人员应向有关领导报告，但不能离开工作岗位。

7. 交班时，如遇事故或重大操作项目，应待事故处理完毕后或操作告一段落后，方可交接班，接班人员应积极协同处理事故和完成操作项目。

（五）锅炉水质管理制度

1. 锅炉水必须处理，没有可靠水处理措施，水质不合格时，锅炉不准投入运行。

2. 严格执行《工业锅炉水质》GB/T 1576—2018 标准，加强水质监督。

3. 锅炉水处理一般采用炉外化学处理，对于立式、卧式、内燃和小型热水锅炉可采用锅内加药水处理。

4. 采用锅内加药水处理的锅炉，每班必须对给水硬度、锅水碱度、pH 值三项指标至少化验 1 次（给水化验水箱内加药水）。

5. 采用锅外化学处理的锅炉，给水应每 2 h 测定 1 次硬度、pH 值及溶解氯，锅水应在 2 ～ 4 h 测定 1 次碱度、氯根、pH 值及磷酸根。

6. 专职或兼职水质化验员，要经相关部门考核合格后，才能进行水处理工作。

7. 对离子交换器的工作，要针对设备特点制定操作规程，并认真执行。

8. 水处理人员要熟悉掌握设备、仪器、药剂的性能、性质和使用方法。

9. 分析化验用的药剂应妥善保管，易燃易爆、有毒有害的药剂要严格规定保管。

10. 锅炉停用检修时，首先要有水处理人员检查结垢腐蚀情况，对污垢的成分、厚度、腐蚀面积、深度以及部位做好记录。

11. 化验室和水处理间应保持清洁卫生，有防火措施。

12. 水处理设备的运行和水质化验记录填写完整、正确。

（六）锅炉房安全保卫制度

1. 锅炉房是使用锅炉单位的要害部门之一，除锅炉房工作人员、有关领导及安全保卫生产管理人员外，其他人员未经允许，不准进入。

2. 当班人员要坚守岗位，提高警惕，严格执行操作技术规程和巡回检查制度。

3. 非当班人员，未经班长同意，不准开关锅炉房的各种阀门、烟风门及电器开关；无证司炉工、水质化验员，不准上岗操作。

4. 禁止锅炉房存在易燃、易爆物品，所需少量润滑油，清洗油的油桶、油壶，要存放在指定地点，并注意检查煤中是否有爆炸物。

5. 锅炉在运行或压火期间，房门不得锁住或栓住，压火期间要有人监护。

6. 锅炉房要配备消防器材，认真管理，不要随便移动或挪作他用。

7. 锅炉一旦发生事故，当班人员要准确、迅速地采取措施，防止事故扩大，并立即报告有关领导。

（七）锅炉房清洁卫生制度

1. 锅炉房不准存放与锅炉操作无关的物品，锅炉用煤、备品、备件、操作工具应放在指定地方，摆放整齐。

2. 锅炉房地平，墙壁、门窗要经常保持清洁卫生。

3. 手烧炉投过煤后要随时打扫落在地上的煤，保持地面清洁。

4. 煤场、渣场要分开设置，煤堆、渣堆要堆放整齐，定期洒水。

5. 每班下班前，对工作场地、仪表、阀门等打扫干净。

6. 每周对锅炉房及所管地域进行大扫除，保持清洁卫生。

7. 主管领导要经常组织有关人员，对锅炉房的清洁卫生进行检查评比，奖勤罚懒，做到清洁卫生，文明生产。

（八）司炉工岗位责任制

1. 司炉工必须持证上岗，不准无证操作，严格执行各项规章制度，做好各项锅炉运行记录。

2. 坚守岗位，集中思想，严格操作。当班时，不看书，不看报，不打瞌睡，不准随意离开工作岗位。

3. 接班前按规定巡视，检查好各种设备，包括水位表、压力表、鼓风机、给水系统、润滑系统、冷却水、进煤、出渣等装置运行情况，交班时要核对记录，清点用具。

4. 努力学习专业知识，精通业务，钻研技术，不断提高技术水平，确保锅炉安全经济运行。

5. 对炉体及辅助设备定期检查，做到文明生产。

6. 发现锅炉有异常现象危及安全时，应采取紧急停炉措施，并及时报告单位负责人。

7. 服从锅炉安全监察人员和单位安全管理人员的管理，做好本职工作。

（九）锅炉操作规程（以燃气锅炉为例）

1. 开机前的准备工作

（1）检查燃气压力是否正常，管道阀门有无泄漏，阀门开关是否到位。

（2）试验燃气报警系统工作是否正常可靠，按下试验按钮风机能否启动。

（3）检查软化水系统是否正常，保证软水器处于工作状态，水箱水位正常。

（4）检查锅炉、除污器阀门开关是否正常。

（5）检查除氧器能正常运行。

（6）软化水设备能正常运行。软化水应符合《工业锅炉水质》GB/T 1576—2018 标准，软水箱内水位正常，水泵运行无故障。

2. 开机

（1）接通电控柜的电源总开关，检查各部位是否正常，故障是否有信号。如果无信号应采取相应措施或检查修理，排除故障。

（2）燃烧器进入自动清扫、点火，部分负荷、全负荷运行状态。在升至一定压力时，应进行定期排污 1 次，并检查锅内水位。

3. 运行中的巡查工作

（1）开启锅炉电源，监视锅炉正常点火运行，检查火焰状态，检查各部件运转声响有无异常。巡视锅炉升温状况，大、小火转换控制状况是否正常。

（2）巡视天然气压力是否正常稳定，天然气流量是否在正常范围内，以判断过滤器是否堵塞。

（3）巡视水泵压力是否正常，有无异响。

4. 停炉

（1）正常停炉。按照预先计划内的停炉，停炉次序为停止燃料供应，停止送风，减少引风，同时逐渐降低锅炉负荷，相应地减少锅炉上水（应维持锅炉水位稍高于正常水位）。对于燃气、燃油锅炉，炉腹停火后，引风机至少要继续引风 5 min 以上。锅炉停止供汽后，应隔断与蒸汽母管的连接，排汽降压。为保护过热器，防止金属超温，打开过热器出口集箱疏水阀适当排汽。降压过程中，司炉人员应连续监视锅炉，待锅内无气压时，开启空气阀，避免锅内因温度降低形成真空。

停炉时应打开省煤器旁通烟道，关闭省煤器烟道挡板，但锅炉进水仍需经过省煤器。对于钢管省煤器，锅炉停止进水后，应开启省煤器再循环管；对无旁通烟道的可分式省煤器，应密切监视其出水口水温，并连续经省煤器上水、放水至水箱中，使省煤器出水口水温低于锅筒压力下饱和温度 20 ℃。

正常停炉 4 ～ 6 h 内，应紧闭炉门和烟道挡板，之后打开烟道板，缓慢加强通风，适当放水。停炉 18 ～ 24 h，在锅水温度降至 70 ℃以下时，方可全部放水。

（2）异常停炉（紧急停炉）。出现以下情况时需紧急停炉：锅炉水位低于水位表的下部可见边缘；不断加大向锅炉进水及采取其他措施，但水位仍继续下降；锅炉水位超过最高可见水位（满水），经放水仍不能见到水位；给水泵全部失效或给水系统故障，不能向锅炉进水；水位表或安全阀全部失效；设置在蒸汽空间的压力表全部失效；锅炉元件损坏，危及操作人员安全；燃烧设备损坏、炉墙倒塌或锅炉构件被烧红等严重威胁锅炉安全运行；其他异常情况危及锅炉安全运行。

紧急停炉操作次序：立即停止添加燃料和送风，减弱引风；同时设法熄灭炉膛内的燃料，对于一般层燃炉可以用沙土或湿灰灭火，链条炉可以开快挡使炉排快速运转，把红火送入灰坑；灭火后即把炉门、灰门及烟道挡板打开，以加强通风冷却；锅内可以较快降压并更换锅水，锅水冷却至 70 ℃允许排水。因缺水紧急停炉时，严禁给锅炉上水，并不得开启空气阀及安全阀快速降压。

紧急停炉是为了防止事故扩大及出现有危害锅炉或者人身安全现象时不得不采用的非正常停炉方式，有缺陷的锅炉应尽量避免紧急停炉。

5. 临时停电注意事项

（1）迅速关闭主蒸汽阀，防止锅筒失水。

（2）关闭电源总开关和天然气阀门。

（3）关闭锅炉连续排污阀门，防止锅炉出现其他故障。

（4）关闭除氧气供气阀门。

（5）按正常停炉顺序，检查锅炉燃料、燃气、水阀门是否符合停炉要求。

6. 燃气不足时注意事项

（1）迅速与化产风机房取得联系，问清事故原因，并采取相应可行的措施。

（2）报告上级有关部门及领导。

（3）随时观察燃烧情况，火焰正常时为麦黄色。

第四节　锅炉事故分析及典型案例

锅炉常见事故分为锅炉爆炸事故和锅炉重大事故两大类。

一、锅炉爆炸事故

由于意外或某些原因导致锅炉承压负荷过大，造成的瞬间能量释放现象（如锅炉缺水、水垢过多、压力过大等情况）会造成锅炉爆炸，一旦出现锅炉爆炸事故，对周围建筑、人员等损伤极大。锅炉爆炸事故分为炉膛爆炸事故、水蒸气爆炸事故、超压爆炸事故、缺陷导致爆炸事故、严重缺水导致爆炸事故。下面简要介绍炉膛爆炸事故的后果、原因及预防要点。

1. 后果

炉膛爆炸是指炉膛内积存的可燃性混合物瞬间同时爆燃，从而使炉膛烟气侧压力突然升高，超过了设计允许值而造成水冷壁、刚性梁及炉顶、炉墙破坏的现象，即正压爆炸。此外还有负压爆炸，即在送风机突然停转时，引风机继续运转，烟气侧压力急降，造成炉膛、刚性梁及炉墙破坏的现象。下面着重讨论正压爆炸。

炉膛爆炸（外爆）要同时具备三个条件：一是燃料必须以游离状态存在于炉膛中；二是燃料和空气的混合物达到爆燃的浓度；三是有足够的点火能源。炉膛爆炸常常发生于燃油、燃气、燃煤粉的锅炉。不同可燃物的爆炸极限和爆炸范围各不相同。

由于爆炸过程中火焰传播速度非常快，每秒达数百米甚至数千米，火焰激波以球面向各方向传播，邻近燃料同时被点燃，烟气容积突然增大，因来不及泄压而使炉膛内压力陡增，从而发生爆炸。

2. 原因

（1）在设计上缺乏可靠的点火装置、熄火保护装置及联锁、报警和跳闸系统，刚性梁结构抗爆能力差，制粉系统及燃油雾化系统有缺陷。

（2）在运行过程中操作人员误判断、误操作，此类事故占炉膛爆炸事故总数的 90% 以上。有时因采用“爆燃法”点火而发生爆炸。此外，还可能因烟道闸板关闭而发生炉膛爆炸事故。

3. 预防

为防止炉膛爆炸事故的发生，应根据锅炉的容量和大小装设可靠的炉膛安全保护装置，如防爆门、炉膛火焰和压力检测装置，联锁、报警、跳闸系统及点火程序和炮火程序控制系统。同时，应尽量提高炉膛及刚性梁的抗爆能力。此外，应加强使用管理，提高司炉人员的技术水平。在启动锅炉点火时要认真按操作规程说明进行点火，严禁采用“爆燃法”，点火失败后先通风吹扫 5 ～ 10 min 后才能重新点火，在燃烧不稳定、炉膛负压波动较大时，如除大灰、燃料变更、制粉系统及雾化系统发生故障、低负荷运行时，应精心控制燃烧，严格控制负压。

二、锅炉重大事故

锅炉重大事故是指由于受压部件或附件损坏等使锅炉被迫停炉的事故，锅炉停炉会严重影响生产工作。下面简要介绍因锅炉缺水导致停炉事故。

1. 后果

当锅炉水位低于水位表最低安全水位刻度线时，即形成了锅炉缺水事故。锅炉缺水时，水位表内往往看不到水位，表内发白、发亮。锅炉缺水后，低水位警报器开始动作并发出警报，过热蒸汽温度升高，给水流量不正常地小于蒸汽流量。锅炉缺水是锅炉运行中最常见的事故之一，常常造成严重后果。严重缺水会使锅炉蒸发受热面管子过热变形甚至烧塌，胀口渗漏，胀管脱落，受热面钢材过热或过烧，降低或丧失承载能力，管子爆破，炉墙损坏。如果锅炉缺水处理不当，甚至会导致锅炉爆炸。

2. 原因

（1）运行人员疏忽大意，对水位监视不严，或者操作人员擅离职守，放弃了对水位及其他仪表的监视。

（2）水位表故障造成假水位，而操作人员未及时发现。

（3）水位报警器或给水自动调节器失灵而又未及时发现。

（4）给水设备或给水管路故障，无法给水或水量不足。

（5）操作人员排污后忘记关排污阀，或者排污阀泄漏。

（6）水冷壁、对流管束或省煤器管子爆破漏水。

3. 处理

发现锅炉缺水时，应首先判断是轻微缺水还是严重缺水，然后酌情给予不同的处理。通常判断缺水程度的方法是“叫水”。“叫水”的操作方法为打开水位表的放水旋塞，冲洗汽连管及水连管，关闭水位表的汽连接管旋塞，关闭放水旋塞。如果此时水位表中有水位出现，则为轻微缺水。如果通过“叫水”，水位表内仍无水位出现，说明水位已降到水连管以下甚至更严重，属于严重缺水。

轻微缺水时，可以立即向锅炉上水，使水位恢复正常。如果上水后水位仍不能恢复正常，应立即停炉检查。严重缺水时，必须紧急停炉。在未判定缺水程度或者已判定属于严重缺水的情况下，严禁给锅炉上水，以免造成锅炉爆炸事故。“叫水”操作一般只适用于相对容水量较大的小型锅炉，不适用于相对容水量很小的电站锅炉或者其他锅炉。对相对容水量小的电站锅炉或其他锅炉，以及最高水界在水连管以上的锅壳锅炉，一旦发现缺水，应立即停炉。

复习题及参考答案

一、复习题

（一）判断题

1. 有限止钉的压力表，无压力时，指针距限止钉有距离，但未超过允许误差时，不应停止使用。(　)

2. 锅炉，是指利用各种燃料、电或者其他能源，将所盛装的液体加热到一定的参数，并通过对外输出介质的形式提供热能的设备。(　)

3. 锅炉运行状态下的外部检验每年进行 1 次。(　)

4. 任何检测机构都可以进行锅炉能效测试工作。(　)

5.《锅炉节能技术监督管理规程》规定锅炉使用每 2 年应当对在用锅炉进行 1 次定期能效测试。(　)

（二）单选题

1. 除尘器的作用是（　）。

A. 除去烟尘　B. 除去二氧化硫　C. 除去二氧化碳

2. 当工业蒸汽锅炉发生严重缺水时，首先不能立即（　）。

A. 供水　B. 供汽　C. 送风

3. 在锅炉尾部设置（　），利用烟气余热，加热锅炉给水。

A. 空气预热器　B. 过热器　C. 省煤器

4.（　）时，应当进行水（耐）压试验。

A. 运行一年以后　B. 外部检验　C. 重大修理或改造后

5. 经调校的压力表应注明（　）。

A. 校验日期　B. 校验者姓名　C. 下次校验日期

6. 压力表表盘刻度极限值应根据工作压力的大小选择，既有适当的余量又要便于观察，压力表表盘刻度极限值应为工作压力的 1.5~3 倍，最好选用（　）倍。

A. 1.5　B. 2　C. 2.5　D. 3

7. 关于锅炉检验检测,(　) 是错误的。

A. 锅炉的能效测试可以由使用单位自行进行

B. 对锅炉的检验检测机构、能效测试机构及人员实行资格许可制度

C. 根据规定锅炉使用每两年应当对在用锅炉进行 1 次定期能效测试，测试工作宜结

合外部检验

D. 检验机构及能效测试机构应当接受市场监督管理部门的监督，并且对锅炉定期检验结论和测试结果的准确性负责

8. 使用锅炉单位的安全管理制度包括（ ）内容。

A. 锅炉设计管理制度　　B. 锅炉制造管理制度

C. 锅炉的制造监检管理制度　　D. 锅炉的定期检验管理制度

9. 检验检测机构在对锅炉制造过程中进行的监督检验时，应当按照节能技术规范的有关规定，对影响（ ）等进行监督检验。

A. 锅炉产品性能

B. 锅炉及其系统能效的项目、能效测试报告

C. 制造单位管理体系

10. 锅炉安全技术档案的作用是（ ）。

A. 防止制造质量不良而造成事故　　B. 及时、真实地反映锅炉安全状况

C. 只能反映锅炉制造质量　　D. 只能反映锅炉安装环节以前技术状况

二、参考答案

（一）判断题

1.×　2.√　3.√　4.×　5.√

（二）单选题

1.A　2.A　3.C　4.C　5.C

6.B　7.A　8.D　9.B　10.B

第三章　压力容器

压力容器是指盛装气体或者液体，承载一定压力的密闭设备，其范围规定为最高工作压力大于或等于 0.1 MPa（表压），且压力与容积大于或等于 2.5 MPa · L 的气体、液化气体和最高工作温度高于或者等于标准沸点的液体、容积大于或等于 30 L 且内直径（非圆形截面指截面内边界最大几何尺寸）大于或等于 150 mm 的固定式容器和移动式容器；盛装公称工作压力大于或等于 0.2 MPa（表压），且压力与容积的乘积大于或等于 1.0 MPa · L 的气体、液化气体和标准沸点等于或者低于 60 ℃液体的气瓶、氧舱等。

第一节　压力容器基础知识

一、压力容器影响因素

1. 压力

压力主要来自两方面，一是在容器外产生（增大）的，二是在容器内产生（增大）的。

（1）最高工作压力。指在正常操作情况下，容器顶部可能出现的最高压力。

（2）设计压力。指在相应设计温度下用以确定容器壳体厚度及其元件尺寸的压力，即标注在容器铭牌上的设计压力。压力容器的设计压力不得低于最高工作压力。当容器各部位或受压元件所承受的液柱静压力达到 5% 的设计压力时，则应取设计压力和液柱静压力之和来进行该部位或元件的设计计算；装有安全阀的压力容器的设计压力不得低于安全阀的开启压力或爆破压力。容器的设计压力应按国家标准《固定式压力容器》GB 150—2010 相应规定确定。

2. 温度

（1）金属温度。指容器受压元件沿截面厚度的平均温度。在任何情况下，元件金属的表面温度不得超过钢材的允许使用温度。

（2）设计温度值。指容器在正常操作时，在相应设计压力下，壳壁或元件金属可能达到的最高或最低温度。当壳壁或元件金属的温度低于 -20 ℃时，按最低温度确定设计温度值；除此之外，设计温度值一律按最高温度选取。设计温度值不得低于元件金属可能达到的最高金属温度；对于 0 ℃以下的金属温度，则设计温度值不得高于元件金属可能达到的最低金属温度。容器设计温度值（即标注在容器铭牌上的设计介质温度）是指壳体的设计温度值。

3. 介质

（1）介质的分类。生产过程所涉及的介质品种繁多，分类方法也有多种。按物质状态分类，可分为气体、液体、液化气体、单质和混合物等；按化学特性分类，则有可燃、易燃、惰性和助燃 4 种；按介质对人类的毒害程度分类，又可分为极度危害（Ⅰ）、高度危害（Ⅱ）、中度危害（Ⅲ）、轻度危害（Ⅳ）4 级。

（2）易燃介质。易燃介质是指与空气混合的爆炸下限小于 10%，或爆炸上限与下限值之差大于或等于 20% 的气体，如一甲胺、乙烷、乙烯等。

（3）毒性介质。《固定式压力容器安全技术监察规程》TSG R0004—2016 对介质毒性程度的划分是参照国家标准《职业性接触毒物危害程度分级》GBZ 230—2010 的规定，共分为 4 级，分别为极度危害（Ⅰ级），介质在空气中最高允许浓度 $C < 0.1\ mg/m^3$；高度危害（Ⅱ级），介质在空气中最高允许浓度 $0.1\ mg/m^3 \leqslant C < 1.0\ mg/m^3$；中度危害（Ⅲ级），介质在空气中最高允许浓度 $1.0\ mg/m^3 \leqslant C < 10\ mg/m^3$；轻度危害（Ⅳ级），介质在空气中最高允许浓度 $C \geqslant 10\ mg/m^3$。压力容器中的介质为混合物质时，应根据介质的组成成分并按毒性程度或易燃介质的划分原则，由设计单位的工艺设计部门或使用单位的生产技术部门决定介质的毒性程度或是否属于易燃介质。

（4）腐蚀性介质。石油化工介质对压力容器用材具有耐腐蚀性要求。有的介质中含有杂质，使腐蚀性加剧。腐蚀性介质的种类和性质各不相同，加上工艺条件不同，介质的腐蚀性也不相同。这就要求压力容器在选用材料时，除了满足使用条件下的力学性能要求外，还要具备足够的耐腐蚀性，必要时还要采取一定的防腐措施。

二、压力容器分类

压力容器在工业、民用、军工等许多部门以及科学研究的许多领域都具有重要的地位和作用。其中，以在化工与石油化工中应用最多，仅在石油化工领域中应用的压力容器就占全部压力容器总数的 50% 左右。压力容器在化工与石油化工领域，主要用于传热、传质、反应等工艺过程，以及储存、运输有压力的气体或液化气体；在其他工业与民用领域亦有广泛的应用，如空气压缩机。各类专用压缩机及制冷压缩机的辅机（冷却器、缓冲器、油水分离器、储气罐、蒸发器、液体冷却剂储罐等）均属压力容器。

压力容器的分类方法有很多，为利于安全技术监察和管理，《固定式压力容器安全技术监察规程》将压力容器按压力等级划分为以下四类：

（1）低压（代号 L）：$0.1\ \text{MPa} \leqslant P < 1.6\ \text{MPa}$；

（2）中压（代号 M）：$1.6\ \text{MPa} \leqslant P < 10.0\ \text{MPa}$；

（3）高压（代号 H）：$10.0\ \text{MPa} \leqslant P < 100.0\ \text{MPa}$；

（4）超高压（代号 U）：$P \geqslant 100.0\ \text{MPa}$。

列举如下几种典型的压力容器：

1. 球形液化石油气储罐（图 3-1）

球形液化石油气储罐（以下简称球罐）的主体是球壳，它是储存物料和承受物料工作压力和液柱静压力的构件，由许多按一定尺寸预先压成的球面板装配组焊而成。球罐支座是球罐中用以支撑本体质量和储存物料质量的结构部件，可分为柱式支座和球式支座两大类。其中，普遍使用赤道正切柱式支座。球罐的结构并不复杂，但球罐的制造和安装较其他形式的储罐困难。由于球罐大多数是压力容器或低温容器，且其盛装的物料大部分是易燃、易爆物，装载量大，一旦发生事故，后果不堪设想。因此，球罐的设计和使用要保证安全可靠。球罐结构的合理设计必须考虑各种因素，如装载物料的性质、设计温度和压力、材质、制造技术水平和设备安装方法、焊接与检验要求、操作方便和可靠、自然环境的影响等。要做到满足各项工艺要求，有足够的强度和稳定性，且结构尽可能简单，使其压制成型、安装组对、焊接和检验、操作、监测和检修容易实测。

图 3-1　球形液化石油气储罐

2. 低温储罐（图 3-2）

低温储罐又称液氮罐、液氧储罐，是立式或卧式双层真空绝热储槽，内胆选用奥氏体不锈钢材料，外容器材料根据用户地区不同，按国家规定选用为 Q235-B 或 Q345R，内、外容器夹层充填绝热材料珠光砂并抽真空。产品需经监督检验机构检验并出具压力容器监检证书，产品规格有 5 ～ 100 m^3，工作压力 0.8/1.6 MPa。氮气是氮肥工业的主要原料，在冶金工业中主要用作保护气，如轧钢、镀锌、镀铬、热处理、连续铸造等工艺都要用它作保护气。此外，向高炉中喷吹氮气，可以改进铁的质量。液氮罐广泛应用于电子工业、化学工业、石油工业和玻璃工业；液氮储罐一般用于各大医院医用氧气的存储，具有储量大、占地小的特点。

图 3-2 低温储罐

3. 蒸压釜（图 3-3）

蒸压釜又称蒸养釜、压蒸釜，是一种体积庞大、质量较重的大型压力容器。蒸压釜用途十分广泛，大量应用于加气混凝土砌块、混凝土管桩、灰砂砖、煤灰砖、微孔硅酸钙板、新型轻质墙体材料、保温石棉板、高强度石膏等建筑材料的蒸压养护，在釜内完成 $CaO\text{-}SiO_2\text{-}H_2O$ 的水热反应。同时还广泛适用于橡胶制品、木材干燥和防腐处理、重金属冶炼、耐火砖浸油渗煤、复合玻璃蒸养、化纤产品高压处理、食品罐头高温高压处理、纸浆蒸煮、电缆硫化、渔网定型以及化工、医药、航空航天工业、保温材料、纺工、军工等需压力蒸养生产工艺过程的生产项目。

图 3-3 蒸压釜

4. 氧舱（图 3-4、图 3-5）

医用氧舱是各种缺氧症的治疗设备，舱体是一个密闭圆筒，通过管道及控制系统把纯氧或净化压缩空气输入舱体。舱外医生通过观察窗和对讲器可与患者联系，大型氧舱有 10 ～ 20 个座位。随着高压氧医学在我国的迅速发展，医用氧舱作为在高压氧治疗中必不可少的设备也得到了长足的发展。目前，我国氧舱已达 6 000 余台，数量已超过中国以外其他各国氧舱数量之总和。由于医用氧舱是一种特殊的载人压力容器，其使用直接关乎患者的生命安全，对它的监督检验和定期检验显得尤为重要。同时，氧舱的检验工作与一般承压类特种设备的检验有很大不同，除了要进行一般意义上的设备检验外，还要进行非金属材料、装饰材料、电气、消防、管道、通信、监控、应急电源、气源设备等多方面的综合检验和判断。

图 3-4　医用氧舱（成人舱）

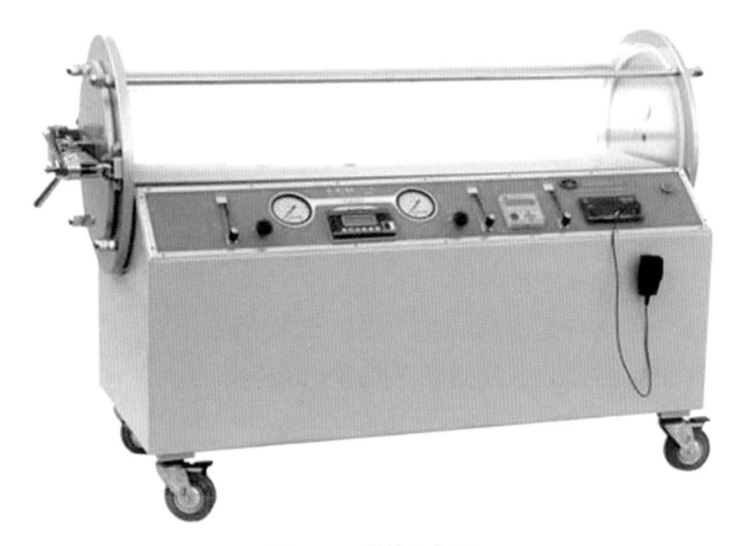

图 3-5　婴幼儿氧舱

第二节　压力容器使用安全管理

列举以下几种压力容器及其安全操作注意事项。

一、氧气瓶（图 3-6）

1. 氧气的相关性质

化学式：O_2
相对分子质量：32
含量：高纯氧（体积）≥ 99.99%
物理性质：常温下无色无味气体
熔点：−218 ℃（标准状况下）；＜ −218 ℃淡蓝色雪花状固体
沸点：−183 ℃（标准状况下）；＜ −183 ℃淡蓝色液体；＞ −183 ℃无色无味气体
密度：1.429 g/L
溶解度：不易溶于水，标准大气压下 1 L 水中溶解 30 mL 氧气
同素异形体：臭氧（O_3）
大气中体积分数：20.95%

氧气是氧元素最常见的单质形态，在标准状况下是无色无味的气体。由于本品助燃，故具有燃爆危险。

纯度为 93.5% ～ 99.2% 的氧气与可燃气（如乙炔）混合，产生极高温度的火焰，从而使金属熔融。

2. 氧气瓶安全操作

按照《气瓶安全技术规程》《永久气体气瓶充装规定》等法规和标准，对氧气瓶的设计、制造、检验、充装和使用等都做了科学和明确的规定。

（1）使用的氧气瓶必须是国家定点厂家生产的。新瓶必须有合格证和锅炉特种设备检验检测机构出具的监督检验合格的证书。

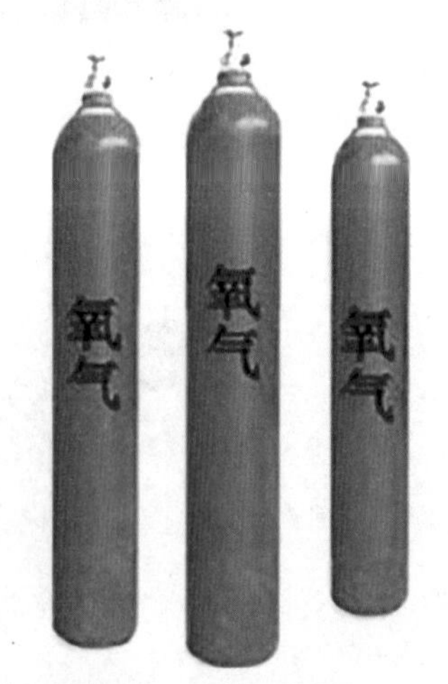

图 3-6　氧气瓶

（2）氧气瓶必须按规定定期检验。超期的气瓶严禁充装。

（3）氧气瓶禁止与油脂接触。操作者不能穿有油污过多的工作服，不能用手、油手套和油工具接触氧气瓶及其附件。

二、乙炔瓶（图 3-7）

1. 乙炔的相关性质

乙炔是最简单的炔烃，也称为电石包，为易燃包体。在液态和固态下或在气态和一定压力下有猛烈爆炸的危险，受热、震动、电火花等因素都可以引发爆炸，因此不能在加压液化后储存或运输。乙烷难溶于水，易溶于丙酮，在 15 ℃和总压力为 1.52 MPa 时，在丙酮中的溶解度为 237 g/L，溶液是稳定的。因此，工业上是在装满石棉等多孔物质的钢桶或钢罐中，使多孔物质吸收丙酮后将乙炔压入，以便储存和运输。

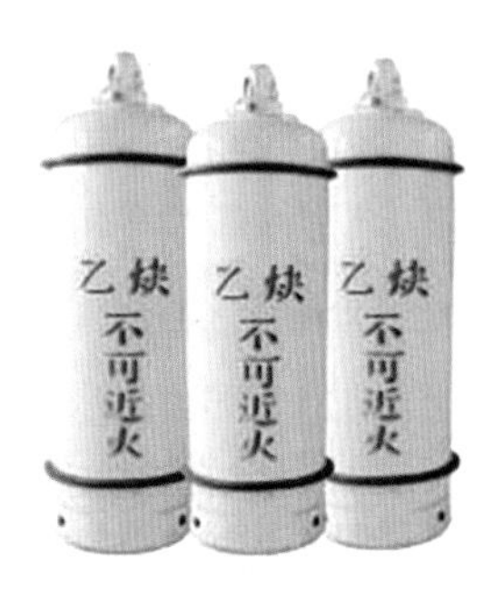

图 3-7　乙炔瓶

化学式：C_2H_2

结构式：H—C═C—H（直线型）

结构简式：HC═CH

分子量：26.037 3

性状：无色无味气体，工业品有使人不愉快的大蒜气味

熔点：−81.8 ℃（119 kPa）

沸点：−83.8 ℃（升华）

临界温度：35.2 ℃

临界压力：6.19 MPa

闪点：−17.7 ℃（闭口）

溶解性：微溶于水，溶于乙醇、丙酮、氯仿、苯，混溶于乙醚

2. 乙炔瓶安全操作

（1）运输注意事项

采用钢瓶运输时，必须给钢瓶戴好安全帽。钢瓶一般平放，并应将瓶口朝同一方向，不可交叉；高度不得超过车辆的防护栏板，并用三角木垫卡牢，防止滚动。运输时，运输车辆应配备相应品种和数量的消防器材。装运该物品的车辆排气管必须配备阻火装置，禁止使用易产生火花的机械设备和工具装卸。严禁与氧化剂、酸类、卤素等混装混运。夏季应早晚运输，防止日光暴晒。中途停留时应远离火种、热源。公路运输时要按规定路线行驶，勿在居民区和人口稠密区停留。铁路运输时要禁止溜放。

（2）储存注意事项

①使用单位在使用乙炔瓶的现场，储存量不得超过 3 瓶。

②储存站与明火或散发火花地点的距离不得小于 15 m。

③储存站应有良好的通风、降温等设施，要避免阳光直射，要保证运输道路畅通，其附近应配备干粉灭火器或二氧化碳灭火器（严禁使用四氯化碳灭火器）。

④乙炔瓶存放时要保持直立位置，并有防倾倒的措施。

⑤严禁与氧气瓶等易燃物品同室储存。

⑥储存站应有专人管理，在醒目的地方应设置“严禁烟火”等警告标志。

3. 乙炔瓶使用

（1）乙炔瓶放置地点不得靠近热源和电气设备，与明火距离不小于 10 m。

（2）直立使用。

（3）严禁放置在通风不良或放射性射线源场所。

（4）严禁敲击、碰撞，瓶体引弧或放置在绝缘体上。

（5）严禁暴晒，严禁用 40 ℃以上热源加热瓶体。

（6）乙炔瓶和氧气瓶放置在同一辆小车上时，应用非可燃材料隔离。

（7）配置专用减压器和回火防止器。

4. 乙炔瓶防爆技术措施

（1）使用乙炔时，必须配用合格的乙炔专用减压器和回火防止器。

（2）瓶体表面温度不得超过 40 ℃。

（3）乙炔瓶存放和使用时只能直立，不能卧放。

（4）开启乙炔瓶的瓶阀时，不要超过 3/2 圈，一般情况下只开启 3/4 圈。

（5）乙炔从瓶内输出的压力不得超过 0.15 MPa。瓶内乙炔严禁用尽，必须留不低于 0.5 MPa 的余压。

5. 乙炔泄漏处理方法

喷雾状水稀释、溶解。构筑围堤或挖坑收容产生的大量废水。如有可能，将漏出的乙炔气体用排风机送至空旷地方或装设适当喷头烧掉。漏气容器要妥善处理，修复、检验合格后再用。

三、氮气瓶（图 3-8）

1. 氮气的相关性质

化学式：N_2

危险性类别：不燃气体

熔点：−209.8 ℃

沸点：−195.6 ℃

相对密度（水为 1）：0.81

临界温度：-147 ℃

临界压力：3.4 MPa

溶解性：微溶于水、乙醇

2. 危险特性

若遇高热，容器内压力增大，有开裂和爆炸的危险。

3. 氮气瓶的使用及常见人身危害

空气中氮气含量过高，使吸入氧气分压下降，引起缺氧窒息。吸入氮气浓度不太高时，患者最初感到胸闷、气短、疲乏无力；继而烦躁不安、极度兴奋、神志不清、步态不稳，称之为“氮酩酊”，随后可进入昏睡或昏迷状态。吸入高浓度氮气，患者易迅速出现昏迷，因呼吸和心跳停止而死亡。若从高压环境下过快转入常压环境，体内会形成氮气气泡，压迫神经、血管或造成微血管阻塞，发生“减压病”。

图 3-8 氮气瓶

四、液氨储罐（图 3-9）

1. 液氨的相关性质

化学式：NH_3

相对分子量：17.03

性状：无色有刺激性恶臭的气味

熔点：-77.7 ℃

沸点：-33.5 ℃

相对密度（水为 1）：0.817

相对密度（空气为 1）：0.60

饱和蒸气压：506.62 kPa（4.7 ℃）

临界温度：132.5 ℃

临界压力：11.40 MPa

溶解性：易溶于水、乙醇、乙醚

2. 液氨储罐的储存安全管理

（1）液氨储罐的储存布置

①大型液氨储罐、实瓶库及灌装站构成重大危险源的，其边缘与人员集中活动场所边缘的距离不宜小于 50 m；小型液氨储罐、实瓶库及灌装站间距离不宜小于 25 m；实瓶库应有装车站台及便于运输的道路。

②液氨常温存储应选用压力球罐或卧罐，储罐个数不宜少于 2 个，罐组内储罐的防火间距应符合以下要求：

卧罐之间的防火间距不应小于 1.0 倍卧罐直径，两排卧罐的间距不应小于 3 m。球罐之间的防火间距有事故排放至火炬或吸收处理装置时，不应小于 0.5 倍球罐的直径；无事故排放至火炬的措施时，不应小于 1.0 倍球罐的直径。同一罐组内球罐与卧罐的防火间距，应采用较大值。

图 3-9 液氨储罐

③全冷冻式液氨储罐应设防火堤。防火堤应满足下列要求：

在满足耐燃烧性、密封性和抗震要求的前提下，综合考虑安全、占地、投资、地形、地质及气象等条件，还应考虑到罐组容量及所处位置的重要性、周围环境特点及发生事故的危害程度、施工及生产管理、维修工作量及施工、材料来源等因素，因地制宜，合理设置，使其达到坚固耐久、经济合理的效果。

堤内有效容积应不小于一个最大储罐容积的 60%。防火堤内应采用现浇混凝土地面，应有坡向外侧不小于 3‰的坡度，在堤内较低处设置集水设施，连接集水设施的雨水排出管道应从地面以下通出，堤外应设有可控制开闭的装置与之连接，开闭装置上应设有能显示其开闭状态的明显标志。隔堤与防火堤必须是闭合的。防火堤上必须设置2个以上人行踏步或坡道，并设置在不同方位上。防火堤高度不宜高于0.6 m，防火堤内堤脚线距储罐不应小于3 m，防火堤内的隔堤不宜高于0.3 m。防火堤及隔堤的选型宜采用砖砌、钢筋混凝土或浆砌毛石防火堤，应能承受所容纳稀释氨水的静压及温度变化的影响，且不渗漏。防火堤内地坪标高不宜高于堤外消防道路路面或地面的标高。防火堤内的排水应实行清污分流，含有污染物的废水应采取回收处理措施。

④存储量根据存储使用的天数确定，管道输送一般7～10天为宜，铁路运输10～20天为宜，公路运输10～15天为宜，其储罐容量尚应满足一次装（卸）车辆的要求。

⑤液氨储罐区防火堤内严禁绿化，罐组与周围消防车道之间不应种植绿篱或茂密的灌木丛。

⑥液氨储罐顶部应设置遮阳或喷淋降温设施。

3. 液氨储罐液氨的装卸

①液氨装卸站的进、出口应分开设置，当进、出口合用时，站内应设回转车场。

②装卸车必须使用金属万向管道充装系统，禁止使用软管充装，金属万向管道充装臂与集中布置的泵的距离不应小于10 m，充装臂之间的距离不应小于4 m。

③在距装卸车金属万向管道充装臂10 m以外的装卸液氨管道上，除设置便于操作的紧急切断阀外，应设置远程切断装置。

④液氨的铁路装卸栈台，每隔60 m左右应设安全梯。

⑤液氨的铁路装卸栈台宜单独设置。当不同时作业时，也可与可燃液体装卸共台设置。

⑥液氨的汽车装卸车场，应采用现浇混凝土地面。钢瓶灌装间应为敞开式建筑物，实瓶不应露天堆放。

4. 液氨储罐储存区域的消防设施

现场应设置完善的消防水系统，配置相应的消防器材和设备、设施；岗位应配置通信和报警装置。液氨存储与装卸场所应设明显的防火警示标志。

（1）存储装卸区周边道路应根据交通、消防和分区要求合理布置，通道、出入口和通向消防设施的道路应保持畅通，消防车道应满足以下要求：

①宜设置环形消防车道，环形消防车道至少应有2处与其他车道联通；当受地形条件限制时，也可设回转车道或回转车场，回转车场的面积不应小于12 m×12 m；供大型消防车使用时，不宜小于18 m×18 m。

②储存区消防道路路边至平行防火堤外侧基脚线的距离不应小于3 m，相邻罐组防火堤的外侧基脚线之间应留有宽度不小于7 m的消防空地。

③消防道路的路面宽度不应小于6 m，路面内缘转弯半径不应小于12 m，路面上净

空高度不应低于 5 m；供消防车停留的空地，其坡度不应大于 3‰。

当道路路面高出附近地面 2.5 m 以上，且在距离道路边缘 15 m 范围内，有液氨储罐或管道时，应在该段道路的边缘设护墩、矮墙等防护设施。

消防道路路面、扑救作业场地及其下面的管道和暗沟等应能承受大型消防车的压力。消防车道可利用厂区交通道路，但应满足消防车通行与停靠的要求。消防车道不宜与铁路正线平交，如必须平交，应设置备用车道，且两车道之间的间距不应小于一列火车的长度。

储罐的中心至不同方向的两条消防车道的距离，均不应大于 120 m。不能满足此要求时，车道至任何储罐的中心，不应大于 80 m，且最近消防车道的路面宽度不应小于 9 m。

（2）液氨存储与装卸场所应设消火栓，其布置应符合下列要求：

①宜选用地上式消火栓，沿道路敷设，地下式消火栓应有明显标志。

②消火栓距路边不应大于 2 m；距房屋外墙不宜小于 5 m。

③地上式消火栓的大口径出水口应面向道路。当其设置场所有可能受到车辆冲撞时，应在其周围设置防护设施。

④消火栓应设置在装置四周道路边，消火栓的间距不宜超过 60 m；距被保护对象 15 m 以内的消火栓不应计算在该保护对象可使用的数量之内。

（3）消防用水应满足下列要求：

消防用水当采用高压或临时高压给水系统时，管道的供水压力应能保证用水总量达到最大；在罐区的任何部位，水枪的充实水柱应不小于 10 m，并应高于最高罐顶 2 m。消防用水量不应小于 60 L/s。

（4）液氨存储及装卸现场灭火器配置应满足以下要求：

①应设置在位置明显和便于取用的地点，不得影响安全疏散。灭火器的最大保护距离不宜超过 12 m。每一个配置点的灭火器数量不应少于 2 具。

②对有视线障碍的灭火器设置点，应设置指示其位置的发光标志。

5. 日常设备设施管理要求

（1）液氨存储与装卸装置的压力容器、压力管道，必须符合以下要求：

设计、制造、安装、改造、维修、使用、检验检测及其监督检查等必须符合《特种设备安全监察条例》《固定式压力容器安全技术监察规程》等相关要求，使用单位应当向直辖市或者设区的市特种设备安全监督管理部门登记，登记标志应置于或者附着于该特种设备的显著位置。使用单位应当设专（兼）职人员管理，建立特种设备安全技术档案。按照相关国家标准等对压力容器和压力管道定期进行检测检验，未经检验或者检验不合格的，不准使用。储量 1 t 以上的储罐基础，每年应测定基础下沉状况。安全装置不准随意拆除、挪用或弃置不用。液氨储罐、输送管道应至少每月进行 1 次自行检查，并做出记录。对日常维护保养时发现异常情况的，应当及时处理。

（2）液氨储罐应满足下列要求：

液氨储罐应设置液位计、压力表和安全阀等安全附件，超过 100 m^3 的液氨储罐应设双安全阀，要定期校验，保证完好灵敏。安全阀应为全启式，安全阀出口管应接至火炬系统。确有困难时，可就地放空，但其排气管口应高出 8 m 半径范围内的平台或建筑物顶 3 m 以上。低温液氨储罐上应设温度指示仪。根据工艺条件，液氨储罐应设置上、下限液位报警装置。日常储罐充装系数不应大于 0.85。存储量构成重大危险源的，应在设置温度、压力、液位等检测设施的基础上完善视频监控和联锁报警等装置。装置中液氨总量超过 500 t 的，应配备温度、压力、液位等信息的不间断监测、显示和报警装置，并具备信息远传和连续记录等功能，电子记录数据的保存时间不少于 60 天。

（3）液氨存储与装卸现场的管道敷设应满足以下要求：

宜地上敷设。采用管墩敷设时，墩顶高出设计地面不应小于 300 mm。主管道带上的固定点，宜靠近罐前支管道带处设置。防火堤不宜作为管道的支撑点，管道穿防火堤处应设钢制套管，套管长度不应小于防火堤的厚度，套管两端应做防渗漏的密封处理。在管道带适当的位置应设跨桥，桥底面最低处距管顶（或保温层顶面）的距离不应小于 80 mm。罐组之间的管道布置，不应妨碍消防车的通行。气体放空管宜设蒸气或氮气灭火接管。

（4）液氨存储装卸区域应加强安全用电管理，并满足以下要求：

电气、仪表设备以及照明灯具和控制开关应符合防爆等级要求。电力电缆不应和液氨管道、热力管道敷设在同一管沟内。应急照明灯具和灯光疏散指示标志的备用电源的连续供电时间不应少于 30 min。液氨存储装卸区域的电气设备和线路检修应符合《国家爆炸危险场所电器安全规程》的规定。设备、设施的电器开关宜设置在远离防火堤处，严禁将电器开关设在防火堤内。

（5）防雷接地应符合以下要求：

液氨罐体应做防雷接地，接地点不应少于 2 处，间距不应大于 18 m，并应沿罐体周边均匀布置。进入装卸站台的输送管道应在进入点接地。冲击接地电阻不应大于 10 Ω。防雷装置和设施，每季度至少检查 1 次，每年至少检测 1 次。

（6）静电连接、接地应满足以下要求：

液氨汽车罐车、铁路罐车和装卸栈台，应设专用静电接地装置。装置、设备和管道的静电接地点和跨接点必须牢固可靠。泵房的门外、储罐的上罐扶梯入口处、操作平台的扶梯入口处等部位应设人体静电释放装置。生产岗位人员对防静电设施每天至少检查 1 次，车间每月至少检查 1 次，企业每年至少抽查 2 次。

（7）液氨存储与装卸场所应设置有毒有害气体检测报警仪，其安装维护应符合以下要求：

设备、管道的法兰处和阀门组处应设置检测点，其有效距离不宜大于 2 m。有毒气体的检（探）测器安装高度应高出释放源 0.5 ～ 2 m。检测系统应采用两级报警，且二级报警优先于一级报警。报警信号应发送至现场报警器和有人值守的控制室或现场操作室的指示报警设备，并且进行声光报警。定期校验，加强维护，保证灵敏好用。

（8）安全警示标识

现场应在醒目位置高处设置风向标。应规范设置职业危害告知牌和防火、防爆、防中毒等安全警示标识，并设置警示线。消火栓、阀门、消防水泵接合器等设置地点应设置相应的永久性固定标识。

6. 存储与装卸作业基本要求

（1）制度、规程

①液氨存储与装卸单位应建立健全安全生产管理制度和操作规程，至少应包括以下内容：

岗位安全生产责任制；消防防火管理制度：开具提货单前的资质查验、装卸前的车辆安全状况查验制度；装卸过程中的操作制度；车辆出厂前的安全核准制度；装卸登记制度；存储、装卸作业操作规程等。

②液氨存储与装卸岗位人员应严格遵守操作规程或作业指导书要求，车间和科室要定期检查执行情况，并及时修订完善。

③液氨储存区构成重大危险源的，必须执行以下规定：

应建立重大危险源管理制度，完善厂、车间、班组三级管理体系。必须定期进行风险辨识、重大危险源登记和安全评估，随时掌握存储数量、安全状况。每季度不少于 1 次专项检查，及时排查治理隐患，完善监控运行措施。编制专项应急救援预案，至少每半年演练 1 次。

（2）安全培训

①岗位人员应严格岗前安全培训，必须考核合格取得上岗证，特种作业人员除取得本单位安全作业证外，还需取得政府主管部门的特种作业操作资格证后，方可上岗作业。

②安全培训应包括以下内容：

岗位安全责任制、安全管理制度、操作规程；工作环境、危险因素及可能遭受的职业伤害和伤亡事故；预防事故和职业危害的措施及应注意的安全事项；自救互救、急救方法，疏散和现场紧急情况的处理；安全设备设施、个人防护用品的使用和维护；安全技术说明书、安全标签；应急救援预案的内容及对外救援联系方式；有关事故案例；其他需要培训的内容。

（3）安全防护

①根据氨的理化特性及相关规定，液氨存储、装卸岗位应配备以下相应的安全防护

用品：

过滤式防毒面具、防冻手套、防护眼镜应满足每人 1 副；空气呼吸器、隔离式防化服每个岗位至少应分别配备 2 套：现场应设置洗眼喷淋设施；岗位应配备便携式氨气气体检测报警仪、应急通信器材、应急药品等。

②防护用品、应急救援器材和消防器材等应定点存放，专人管理，定期检查校验，及时更新。

③操作人员应按规定穿戴劳动防护用品，正确使用、维护和保养消防、应急救援器材。

（4）安全监护

①液氨存储与装卸作业过程应设专人进行安全监护，监护人不在现场，应立即停止作业。

②安全监护人应熟悉安全作业要求，经过相关作业安全培训，具有该岗位的操作资格；应在作业前告知作业人员危险点、危险性、安全措施和安全注意事项，并逐项检查应急救援器材、安全防护器材和工具的配备及安全措施落实情况。

③作业中发现所监护的作业与作业票不相符合、安全措施不落实或出现异常情况时应立即制止，具备安全条件后方可继续作业。

（5）安全确认

①存储区与装卸作业区无关人员不得进入。

②作业前应确认相关工艺设备、监测监控设施、安全防护和应急设施等完好、投用。

③液氨装卸的流速和压力应符合安全要求；作业过程中作业人员不得擅离岗位；遇到雷雨、六级以上大风（含六级风）等恶劣气候时应停止作业。

④新安装或检修后首次使用的液氨储罐与槽车，应先用氮气置换，分析氧含量＜0.5%后方可充装。

⑤未经安全确认、批准，不得进行液氨装卸作业。

（6）在装卸过程中，禁止在现场进行车辆维修等作业。

（7）装卸过程中开关阀门应缓慢进行。

7. 存储作业要求

（1）存储场所进液氨前的准备

①试车方案、操作法、应急救援预案等已编制、审批，组织岗位人员培训学习，并考核合格。

②管线、存储设备等新装置投用前或检修作业后进液氨之前，应办理相关安全作业票，完成下列工作：

压力容器、压力管道、安全附件等已安装到位，全部检测合格。按方案吹扫完毕，完成气密性试验，分析合格。公用工程的水、电、气、仪表空气、氮气等已能按设计要求保证连续稳定供应，试车备品、备件、工具、仪表、维修材料皆已齐全。罐区机泵调试合格备用。电压、仪表工作正常，灵敏好用。系统盲板已按方案抽、插完毕，并经检查位置无误，质量合格，封堵的盲板应挂牌标识。安全、急救、消防设施已经准备齐全，试验灵敏可靠，并符合有关安全规定。装置区内试车现场已清理干净，道路畅通，试车用具摆放整齐，装置区内照明可以满足试车需要。设备及主要的阀门、仪表已标明位号和名称，管道已标明介质和流向；管道、设备防腐、保温工作已经完成。报表、记录本、工器具具备条件。

③液氨存储设备使用前或检修后做气密性试验，应满足以下要求：

气密性试验应在液压试验合格后进行。气密性试验应采用洁净干燥的空气、氮气或其他惰性气体，气体温度不低于 5 ℃。罐体的气密性试验应将安全附件装配齐全。罐体检修完毕，应做抽真空或充氮置换处理，严禁直接充装；真空度应不低于 650 mmHg，或罐内氧含量不大于 3%。

（2）储罐正常开车接液氨

①接液氨前，应检查确认进罐阀、安全阀的根部阀、气相平衡阀、液相阀、自调阀前后切断阀、压力表的根部阀等阀门处于打开状态，放空阀和排油阀、自调阀的旁路阀、液氨外送阀等阀门处于关闭状态。

②接调度通知，并具备接氨条件后，方可向储罐内进液氨。

（3）存储场所正常停车

按照前后工序停车顺序，根据情况关死存储设备储罐进出口阀门，卸掉液氨罐区液氨进出管压力，防止温升超压引发事故。

（4）液氨倒罐

①倒进罐，应先开备用罐的进口阀，后关在用罐的进口阀。

②倒出罐，应先开备用罐的出口阀，后关在用罐的出口阀。

③倒罐操作应注意出罐的液氨不得抽空，规定不得低于球罐容积的 15%，倒罐操作一定要遵循先开后关的原则。

（5）液氨外送

①外送管线置换分析合格，盲板插加完毕。

②接收工序具备接氨条件，接调度指令后外送。

③操作要求：安全监护人应在作业前告知作业人员危险点、危险性、安全措施和安全注意事项，并逐项检查应急救援器材、安全防护器材和工具的配备及安全措施落实情况。

8. 装卸作业要求

（1）一般要求

①装卸作业人员应认真检查确认以下内容，复核无误后，方可按装卸操作规程进行作业：

确认充装 / 卸载容器内的物质与货单一致；确认进出料槽罐；确认管道、阀门、泵、充装台位号等；确认连接各部分接口牢固；确定装卸工艺流程；确定现场无关人员已撤离。

②装卸过程中操作人员和驾驶员、押运员必须在现场，坚守岗位。车辆进入灌装区后应熄火固定，车前设置停车警示标识，否则禁止充装。

③装卸作业人员应站在上风处，严密监视作业动态，初始流速不应大于 1 m/s，应严格按操作规程控制管道内的流速。严格检查罐体、阀门、连接管道等有无渗漏现象，出现异常情况应及时处理。

④液氨槽车应严格控制充装量，不得超过设计的最大充装量，车辆驶离充装单位前，应复查充装量并妥善处理，严禁超载。

（2）移动式槽罐车装卸

①液氨装卸应采用液下装卸方式，有回收或无害化处理的设施，严禁就地排放。

②装卸作业前，应确认所有装卸设备、设施已进行有效接地，先连接槽车静电接地线后接通管道；作业完毕，应静置 10 min 后方可拆除静电接地线，且应先拆卸管道后再拆卸静电接地线。

③装卸现场严禁烟火，严禁将罐车作为储罐、汽化器使用，严禁用蒸汽或其他方法加热储罐和罐车罐体。

④充装前应对照液氨装车作业安全检查确认单（表 3-1）逐项检查确认，填表存档，不符合要求严禁充装。液氨罐车罐体与液相管、气相管接口处必须分别装设 1 套内置式紧急切断装置；罐体必须装设至少 1 套液面测量装置，液面测量装置必须灵敏准确，结构牢固，操作方便；液面的最高安全液位应有明显标记，其露出罐外部分应加以保护；罐体上必须装设至少 1 套压力测量装置，表盘的刻度极限值应为罐体设计压力的 2 倍左右；充装压力不得超过 1.6 MPa；液氨罐车每侧应有 1 只 5 kg 以上的干粉灭火器或 4 kg 以上的 1211 灭火器。

⑤进入作业区的车辆不得超过装车位的数量，保证消防通道畅通。

⑥罐车在充装前或卸车后应保证 0.05 MPa 以上的余压，防止罐车内进入空气。

⑦罐车卸车时，必须逐项核对，填写液氨卸车记录表（表 3-2）。

⑧液氨罐车充氨工作结束后，应先关管线上的阀门，后关槽车上的阀门，待液位不高于罐车规定液位后再关回气阀，最后拆除连接鹤管。

⑨液氨罐车装卸作业完毕后，必须确认阀门关闭、连接管道和接地线拆除后，方可移开固定车辆设施和车前警示标识，驶离现场。

表 3-1 液氨装车作业安全检查确认单

企业名称：　　　　　　　　　　　　　　　　　　　　　　　　　　　　年　月　日

<table>
<tr><td rowspan="2">运输单位</td><td rowspan="2"></td><td colspan="3">道路运输经营
许可证编号</td><td></td><td rowspan="2">购货
单位</td><td rowspan="2"></td><td colspan="2">安全生产
许可证编号</td><td></td></tr>
<tr><td colspan="3">道路危险货物
运输许可证编号</td><td></td><td colspan="2">经营
许可证编号</td><td></td></tr>
<tr><td rowspan="3">车辆资质
情况</td><td>车牌号</td><td></td><td colspan="2">道路运输证编号</td><td></td><td colspan="2">槽车罐体
使用证编号</td><td></td><td>机动车辆
行驶证
编号</td><td></td></tr>
<tr><td colspan="4">车辆及罐体是否与行驶证照片一致</td><td>是□
否□</td><td colspan="2">道路运输证
核定载重（t）</td><td></td><td rowspan="2">罐体检测
有效期
证明</td><td rowspan="2"></td></tr>
<tr><td colspan="4">槽罐颜色、环表色带是否符合国家色标要求</td><td>是□
否□</td><td colspan="2">最大充装量（t）</td><td></td></tr>
<tr><td rowspan="3">驾驶员及
押运人员
资质情况</td><td rowspan="2">驾驶员
姓名</td><td rowspan="2"></td><td colspan="2">驾驶证编号</td><td></td><td colspan="2" rowspan="2">身份证编号</td><td colspan="3" rowspan="2"></td></tr>
<tr><td colspan="2">道路运输驾驶员
从业资格证编号</td><td></td></tr>
<tr><td>押运员
姓名</td><td></td><td colspan="2">道路危险货物运输
操作证编号</td><td></td><td colspan="2">身份证编号</td><td colspan="3"></td></tr>
<tr><td rowspan="3">车辆安全配
置情况</td><td>三角顶灯</td><td>有□
无□</td><td>矩形
标牌</td><td>有□
无□</td><td>导静
电带</td><td>有□
无□</td><td>“毒”标志</td><td>有□
无□</td><td>安全阀</td><td>有□
无□</td></tr>
<tr><td>压力表</td><td>有□
无□</td><td>液位计</td><td>有□
无□</td><td>防波板</td><td>有□
无□</td><td>速断阀</td><td>有□
无□</td><td>应急器材</td><td>有□
无□</td></tr>
<tr><td>两具
灭火器</td><td>有□
无□</td><td>防化服</td><td>有□
无□</td><td>阻火器</td><td>有□
无□</td><td>气液相平
衡管封帽</td><td>有□
无□</td><td>罐体外观
损伤情况</td><td>有□
无□</td></tr>
<tr><td>装车情况</td><td colspan="2">装车质量
（t）</td><td colspan="2"></td><td>复核量
（t）</td><td></td><td></td><td>备注</td><td colspan="2"></td></tr>
</table>

发货单位查验人：　　　充装或装车人：　　　核准人：　　　驾驶员：　　　押运员：

表 3-2 液氨卸车记录表

<table>
<tr><td rowspan="2">序号</td><td rowspan="2">货单号</td><td rowspan="2">车牌号</td><td rowspan="2">送货单位</td><td rowspan="2">产品纯度 /
分析人员</td><td colspan="2">卸车时间</td><td rowspan="2">卸载量
（t）</td><td rowspan="2">进料
罐号</td><td rowspan="2">操作人员
（签字）</td><td rowspan="2">驾驶员
（签字）</td><td rowspan="2">备注</td></tr>
<tr><td>起始</td><td>结束</td></tr>
<tr><td></td><td></td><td></td><td></td><td></td><td></td><td></td><td></td><td></td><td></td><td></td><td></td></tr>
<tr><td></td><td></td><td></td><td></td><td></td><td></td><td></td><td></td><td></td><td></td><td></td><td></td></tr>
<tr><td></td><td></td><td></td><td></td><td></td><td></td><td></td><td></td><td></td><td></td><td></td><td></td></tr>
<tr><td></td><td></td><td></td><td></td><td></td><td></td><td></td><td></td><td></td><td></td><td></td><td></td></tr>
</table>

（3）钢瓶充装

①充装前必须对钢瓶逐只进行检查，合格后方可充装。严禁对氧或氯气瓶以及一切含铜容器灌装液氨。

②液氨钢瓶应在检验有效期内使用，瓶帽、防震圈应齐全。

③钢瓶充装液氨时，应设置电子衡器与充装阀报警联锁装置。日充装量大于 10 瓶的液氨气体充装站应配备具有在超装时自动切断功能的计量秤；充装后应逐瓶复秤和填写充装复秤记录，严禁充装过量，严禁用容积计量。

④液氨钢瓶称重衡器应定期校验，保持准确，校验周期不得超过 3 个月。衡器的最大称量值应为常用称量的 1.5 ～ 3 倍。

⑤充装间应设置在气瓶超装时可同时切断气源的联锁装置。

⑥充装现场应设置遮阳设施，防止阳光直接照射钢瓶。

（4）应急处理措施

①液氨存储、装卸单位应根据国家法律法规要求，结合单位实际制定火灾、爆炸、泄漏、中毒、灼伤应急预案，成立应急救援队伍，明确应急人员的职责和通信联络方式。定期对应急预案进行培训和演练，及时修订、评审，发现问题及时整改。

②现场急救

a. 皮肤接触应立即脱去污染的衣着，应用 2% 硼酸液或大量清水彻底冲洗，就医。

b. 眼睛接触应立即提起眼睑，用大量流动清水或生理盐水彻底冲洗至少 15 min 就医。

c. 呼吸道或口腔吸入应迅速脱离现场至空气新鲜处。保持呼吸道通畅，如呼吸困难，给予氧气；如呼吸停止，立即进行人工呼吸，就医。

③消防措施

消防人员必须穿全封闭式防化服，在上风向灭火。应尽可能切断气源，若不能切断气源，则不允许熄灭泄漏处的火焰。救援过程注意喷水冷却容器，可使用雾状水、抗溶性泡沫、二氧化碳、砂土等作为灭火剂。

④泄漏处理

迅速撤离泄漏污染区人员至上风处，并立即在 150 m 外设置隔离区，严格限制出入。应急处理人员应戴自给正压式呼吸器，穿全封闭防化服。迅速切断火源，尽可能切断泄漏源。合理通风，加速扩散。高浓度泄漏区，喷含盐酸的雾状水中和、稀释、溶解。稀释废水，应及时收集处理，避免污染环境。

根据液氨的理化性质和受污染的具体情况，采用化学消毒法和物理消毒法处理，或对污染区暂时封闭等，待环境检测合格，经有关部门、专家对事故现场进行安全检查合格后，方可进行事故现场清理、设备维修和恢复生产等。

五、二氧化碳气瓶

1. 二氧化碳的相关性质

化学式：CO_2
别名：碳酸气、碳酸酐
相对密度：1.101
熔点：−56.6 ℃
沸点：−78.5 ℃
临界温度：31.1 ℃
临界压力：7.382 MPa

二氧化碳气瓶从规格型号上可分为 4 L、5 L、8 L、10 L、12 L、15 L、40 L。常用气瓶如图 3-10 所示。

图 3-10 二氧化碳气瓶

2. 二氧化碳气瓶安全操作

（1）二氧化碳气瓶的搬运

气瓶要避免敲击、撞击及滚动。阀门是最脆弱的部分，要加以保护，因此搬运气瓶要注意遵守以下规则：

①搬运气瓶时，不使气瓶凸出车旁或两端，并应采取充分措施防止气瓶从车上掉落。运输时不可散置，以免在车辆行进中发生碰撞。不可用铁链悬吊，可以用绳索系牢吊装，每次只能吊装 1 个。如果用起重机械装卸超过 1 个时，应用正式设计托架。

②气瓶搬运时，应罩好气钢瓶帽，保护阀门。

③避免使用染有油脂的手、手套、破布等接触搬运气瓶。

④搬运前，应将连接气瓶的一切附件如压力调节器、橡皮管等卸去。

（2）二氧化碳气瓶的存放

①气瓶应储存于通风阴凉处，不能过冷、过热或忽冷忽热使瓶材变质，也不能暴露于日光及一切热源照射下。因为暴露于热力中，瓶壁强度可能减弱，瓶内气体膨胀，压力迅速增长，可能引起爆炸。

②气瓶附近不能有还原性有机物，如有油污的棉纱、棉布等；不要用塑料布、油毡之类覆盖，以免爆炸；勿放于通道上，以免碰撞。

③不用的气瓶不要放在实验室，应有专库保存。不同气瓶不能混放。空瓶与装有气体的瓶应分别存放。

④在实验室中，不要将气瓶倒放、卧倒，以防止开阀门时喷出压缩液体。要牢固地直立，固定于墙边或实验桌边，最好用固定架固定。

⑤接收气瓶时，应用肥皂水试验阀门有无漏气，如果漏气，要退回厂家，否则会发生危险。

（3）二氧化碳气瓶的使用

①使用前检查连接部位是否漏气，可涂上肥皂液进行检查，调整至确实不漏气后才进行实验。

②使用时，先逆时针打开钢瓶总开关，观察高压表读数，记录高压瓶内总的二氧化碳压力，然后顺时针转动低压表压力调节螺杆，使其压缩主弹簧将活门打开。这样进口的高压气体由高压室经节流减压后进入低压室，并经出口通往工作系统。使用后，先顺时针关闭钢瓶总开关，再逆时针旋松减压阀。

③钢瓶千万不能卧放。如果钢瓶卧放，打开减压阀时，冲出的二氧化碳液体迅速汽化，容易发生导气管爆裂及大量二氧化碳泄漏的意外事故。

④减压阀、接头及压力调节器装置正确连接且无泄漏、没有损坏、状况良好。超期气瓶必须进行定期检验，检验合格后方可继续使用。

⑤二氧化碳不得超量充装。液化二氧化碳的充装量在温带气候时不要超过钢瓶容积的 75%。

六、压缩空气储气罐

1. 压缩空气

压缩空气指被外力压缩的空气。空气具有可压缩性，经空气压缩机做机械功使本身体积缩小、压力提高后的空气叫作压缩空气。储存压缩空气的罐体称为压缩空气储气罐，常见压缩空气储气罐如图 3-11 所示。

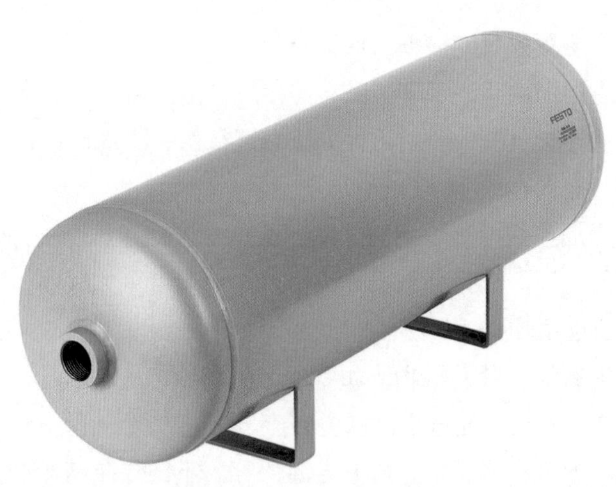

图 3-11　压缩空气储气罐

2. 储气罐的安全操作

①储气罐是指专门用来储存气体的设备，同时起稳定系统压力的作用。根据储气罐承受的压力不同可以分为高压储气罐、低压储气罐、常压储气罐；按储气罐材料不同分为碳素钢储气罐、低合金钢储气罐、不锈钢储气罐。储气罐（压力容器）一般由筒体、封头、法兰、接管、密封元件和支座等零件和部件组成。

②遵守压力容器安全操作的一般规定。运输储气罐的司机在开车前应检查一切防护装置和安全附件处于完好状态，检查各处的润滑油面是否合乎标准；不合要求不得开车。机器在运转中或设备有压力的情况下，不得进行任何修理工作。

③储气罐、导管接头内外部检查每年 1 次，全部定期检验和水压强度试验每 3 年 1 次，并要做好详细记录。在储气罐上注明工作压力、下次检验日期，并经专业检验单位发放“定检合格证”，未经定检合格的储气罐不得使用。非机房操作人员不得进入机房，因为工作需要，必须经有关部门同意方准进入。机房内不准放置易燃易爆物品。工作完毕，将储气罐内余气放出。冬季应放掉冷却水。

④安全阀须按使用工作压力定压，每班拉动、检查 1 次，每周做 1 次自动启动试验，每 6 个月与标准压力表校正 1 次，并加铅封。水冷式空气压缩机开车前，先开冷却水阀门，再开电动机。无冷却水或停水时，应停止运行。如果是高压电机，启动前应与配电房联系，并遵守有关电气安全操作规程。

⑤当检查修理时，应注意避免木屑、铁屑、拭布等掉入气缸、储气罐及导管内。压力表每年应校验后铅封，且保存完好。使用中如果发现指针不能回归零位，表盘刻度不清或破碎等，应立即更换。工作时，在运转中若发生不正常的声响、气味、振动或发生故障，应立即停车，检修好后方准使用。用柴油清洗过的机件必须无负荷运转 10 min，无异常现象后，方能投入正常工作。

第三节　压力容器安全风险控制

一　设备安全控制措施

安全阀又称泄压阀，与爆破片装置并联组合时，爆破片的标定爆破压力不得超过容器的设计压力。安全阀的开启压力应略低于爆破片的标定爆破压力。当安全阀进口与容器之间串联安装爆破片装置时，应满足下列条件：

（1）安全阀和爆破片装置组合的泄放能力应满足要求。

（2）爆破片破裂后的泄放面积应不小于安全阀进口面积，同时应保证爆破片破裂的碎片不影响安全阀的正常工作。爆破片装置与安全阀之间应装设压力表、旋塞、排气孔或报警指示器，以检查爆破片是否破裂或渗漏。

当安全阀出口侧串联安装爆破片装置时，应满足下列条件：

（1）容器内的介质应是洁净的，不含有胶着物质和阻塞物质。

（2）安全阀的泄放能力应满足要求。

（3）当安全阀与爆破片之间存在背压时，安全阀仍能在开启压力下准确开启。

（4）爆破片的泄放面积不得小于安全阀的进口面积。

（5）安全阀与爆破片装置之间应设置放空管或排污管，以防止该空间的压力累积。

二、压力容器安全附件存在的安全隐患及控制措施

压力容器安全附件主要有安全阀和爆破片等，以下主要介绍二者常见故障及特点。

（一）安全阀

安全阀是根据压力系统的工作压力自动启闭，一般安装于封闭系统的设备或管路上保护系统安全。当设备或管道内压力超过安全阀设定压力时，自动开启泄压，保证设备和管道内介质压力在设定压力之下，保护设备和管道正常工作，防止发生意外，减少损失。其常见故障有：

（1）排放后阀瓣不到位。主要是弹簧弯曲阀杆、阀瓣安装位置不正或被卡住造成的，应重新装配。

（2）泄漏。在设备正常工作压力下，阀瓣与阀座密封面之间发生超过允许限度的渗漏。其原因是阀瓣与阀座密封面之间有脏物，可使用提升扳手将阀开启几次，把脏物冲去。密封面损伤，应根据损伤程度采用研磨或车削后研磨的方法加以修复。阀杆弯曲、倾斜或杠杆与支点偏斜，使阀芯与阀瓣错位，应重新装配或更换。弹簧弹性降低或失去弹性，应采取更换弹簧、重新调整开启压力等措施。

（3）到规定压力时不开启。造成这种情况的原因是定压不准，应重新调整弹簧的压缩量或重锤的位置。阀瓣与阀座黏住，应定期对安全阀作手动放气或放水试验。杠杆式安全阀的杠杆被卡住或重锤被移动，应重新调整重锤位置并使杠杆运动自如。

（4）排气后压力继续上升。主要是因为选用的安全阀排量小于设备的安全泄放量，应重新选用合适的安全阀。阀杆中线不正或弹簧生锈，使阀瓣不能开到应有的高度，应重新装配阀杆或更换弹簧。排气管截面不够，应采取符合安全排放面积的排气管。

（5）阀瓣频跳或振动。主要是由于弹簧刚度太大，应改用刚度适当的弹簧。调节圈调整不当，使回座压力过高，应重新调整调节圈位置。排放管道阻力过大，造成过大的排放背压，应减少排放管道阻力。

（6）不到规定压力开启。主要是定压不准，弹簧老化致弹力下降，应适当旋紧调整螺杆或更换弹簧。

（二）爆破片

1. 爆破片的分类

（1）按照型式区分

正拱型：系统压力作用于爆破片的凹面（图 3-12），分为正拱普通、正拱开缝、正拱带槽。

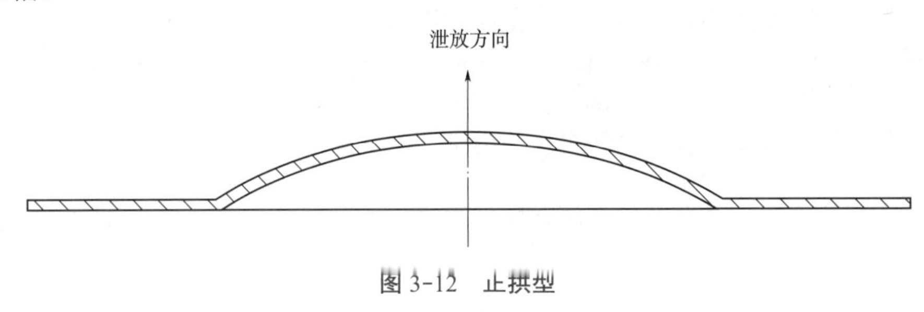

图 3-12 正拱型

反拱型：系统压力作用于爆破片的凸面（图 3-13），分为反拱刀架、反拱鳄齿、反拱带槽。

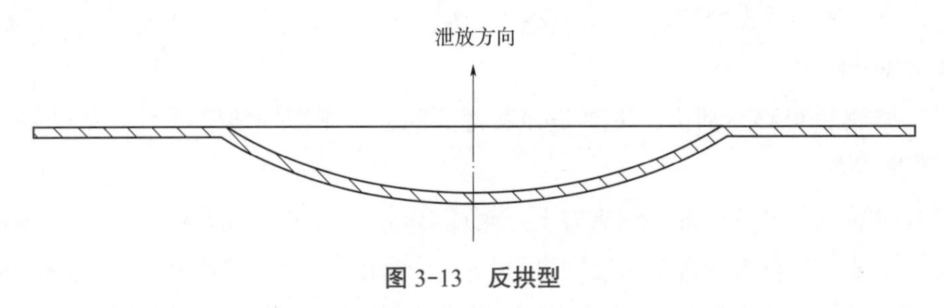

图 3-13 反拱型

平板型：系统压力作用于爆破片的平面（图 3-14），分为平板普通、平板开缝、平板带槽。

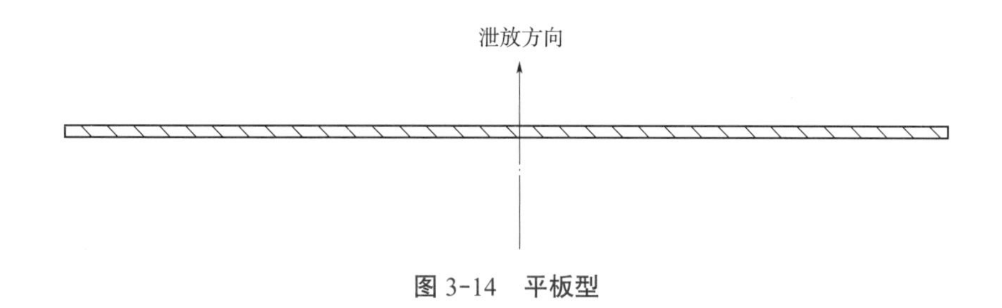

图 3-14 平板型

（2）按照材料区分

金属：不锈钢、纯镍、哈氏合金、蒙乃尔、因科镍、钛、钽、锆等。

非金属：石墨、氟塑料、有机玻璃。

2. 爆破片的特点

爆破片适用于浆状、黏性、腐蚀性工艺介质，这种情况下安全阀不起作用。惯性小，可对急剧升高的压力迅速做出反应。在发生火灾或其他意外时，在主泄压装置打开后，可用爆破片作为附加泄压装置。严密无泄漏，适用于盛装昂贵或有毒介质的压力容器。规格型号多，可用各种材料制造，适应性强。便于维护、更换。

3. 爆破片的适用场所

压力容器或管道内的工作介质具有黏性或易于结晶、聚合，容易将安全阀阀瓣和底座黏住或堵塞安全阀的场所；压力容器内的物料化学反应可能使容器内压力瞬间急剧上升，安全阀不能及时打开泄压的场所；压力容器或管道内的工作介质为剧毒气体或昂贵气体，用安全阀可能会存在泄漏导致环境污染和浪费的场所；压力容器和压力管道要求全部泄放、毫无阻碍的场所；其他不适用于安全阀而适用于爆破片的场所。

三、压力容器控制措施

（一）设计

压力容器设计必须符合安全、可靠的要求，所用材料的质量及规格应当符合相应国家和行业标准的规定，其材料的生产应当经过国家特种设备安全监督管理部门认可批准。压力容器的结构应当根据预期的使用寿命和介质对材料的腐蚀速率确定足够的腐蚀裕量。压力容器的设计压力不得低于最高工作压力，装有安全泄放装置的压力容器，其设计压力不得低于安全阀的开启压力或者爆破片的爆破压力。

压力容器的设计单位应当具备《中华人民共和国特种设备安全法》及《特种设备安全监察条例》规定的条件，并按照压力容器设计范围，取得国家特种设备安全监督管理部门颁发的压力容器类特种设备设计许可证，方可从事压力容器的设计活动。

压力容器中的气瓶、氧舱的设计文件，应当经过国家质检总局核准的检验检测机构鉴定合格，方可用于制造。

（二）制造、安装、改造、维修

原则上与锅炉的制造、安装、改造、维修的要求基本相同。

压力容器的制造单位应当具备《中华人民共和国特种设备安全法》及《特种设备安全监察条例》规定的条件，并按照压力容器制造范围，取得国家特种设备安全监督管理部门颁发的压力容器类特种设备制造许可证，方可从事压力容器的制造活动。压力容器的制造单位对压力容器原设计修改的，应当取得原设计单位书面同意文件，并对改动部分做详细记载。移动式压力容器必须在制造单位完成罐体、安全附件及盘底的总装（落成），并通过压力试验和气密性试验及其他检验合格后方可出厂。

1. 压力容器的使用

压力容器在投入使用前或者投入使用后30天内，移动式压力容器的使用单位应当向压力容器所在地的省级特种设备安全监督管理部门办理使用登记，其他压力容器的使用单位应当向压力容器所在地的市级特种设备安全监督管理部门办理使用登记，取得压力容器类特种设备使用登记证。其他使用要求与锅炉使用要求基本一致。

2. 压力容器的检测

压力容器使用中应装设安全泄放装置（安全阀或者爆破片），当压力源来自压力容器外部且得到可靠控制时，安全泄放装置可以不直接安装在压力容器上。压力容器不可靠工作时，应当装设爆破片装置，或者采用爆破片装置与安全阀装置组合的结构，凡串联在组合结构中的爆破片，在作用时不允许产生碎片。对易燃介质或者毒性程度为极度、高度或者中度危害介质的压力容器，应当在安全阀或者爆破片的排出口装设导管，将排放介质引至安全地点，并进行妥善处理，不得直接排入大气。压力容器最高工作压力为第一压力源时，在通向压力容器进口的管道上必须装设减压阀，如因介质条件导致减压阀无法保证可靠工作时，可用调节阀代替减压阀。在减压阀和调节阀的低压侧必须装设安全阀和压力表。

3. 检修、维修的风险管控

（1）检修容器前，必须彻底切断容器与其他还有压力或气体的设备的连接管道，特别是与可燃或有毒介质的设备的通路。不但要关闭阀门，还必须用盲板严密封闭，以免阀门漏气，致使可燃或有毒的气体漏入容器内，引起着火、爆炸或中毒事故。

（2）容器内部的介质要全部排净。盛装可燃、有毒或窒息性介质的容器还应进行清洗、置换或消毒等技术处理，并经取样分析直至合格。与容器有关的电源，如容器的搅拌装置、翻转机构等的电源必须切断，并有明显禁止接通的指示标志。

4. 压力容器现场安全检查重点

（1）定期对安全阀、爆破片、紧急切断阀按照相关要求进行校验、维护保养，由于安全阀校验需要一定周期，建议一备一用，送检的时候确保容器上有校验合格的安全阀，确保容器安全使用。

（2）压力表、温度计根据使用要求进行检定、维护保养。

（3）快开门式压力容器安全联锁装置定期进行安全联锁试验。

①当快开门达到预定关闭部位方能升压运行的联锁控制功能。

②当压力容器的内部压力完全释放，安全联锁装置脱开后，方能打开快开门的联动功能。

③具有压力容器“有压”“零压”指示及“超压”声光报警提醒操作人员采取相应措施的功能。

（4）对新购入容器铭牌表面覆盖保护层，防止被外部环境腐蚀，平常对罐体表面做油漆防护时避免覆盖铭牌信息。

（5）检验机构出具真空度超标检验结论后，使用单位应安排具有抽真空能力的单位进行抽真空，达到标准后方可使用；使用单位也可自行配备真空计，定期抽查真空度状况，减少容器内超压安全风险。

（6）对于具有充装资质的使用单位应当定期对装卸软管进行压力试验。

（7）易燃易爆设备接地电阻值、跨接电阻值超标，建议利用容器进行定期检验停机时，及时加装接地线和跨接导线，并组织相关部门进行检验检测。

（8）罐体内外表面腐蚀应当注意定期对外表面进行防腐，对于内部腐蚀严重的应当考虑介质成分是否不符合设计要求，加强对介质成分的检测和分析，对于经强度校核不能够通过的容器应当及时进行更换。

（9）罐体焊缝处存在表面缺陷或者埋藏缺陷时，应当根据维修的范围和相关法规（重大维修定义见《固定式压力容器安全技术监察规程》TSG 21—2016）要求确定是否属于重大维修。如果确属重大维修，应当组织具有维修资质的单位制定维修方案开展维修工作，并按程序向检验机构申请监督检验，出具监检报告。

（10）罐体存在材质劣化倾向，应由检验机构根据使用情况进行安全评定，缩短检验周期或者进行更换，使用单位应重点管理该类设备的运行，是否存在超温超压现象。

（11）特种设备单位使用特种设备应当按照《特种设备使用管理规则》TSG 08—2017 办理相关手续。

（12）使用单位管理应当建立特种设备资料档案，安排专人进行管理。

（13）使用单位应当根据设备使用情况安排相关人员参加特种设备作业人员考试取证，做到持证上岗。

（14）使用单位应当制定相关管理制度并定期组织应急救援演练，提升使用单位应对特种设备突发事件的安全防范意识。

（15）气体充装单位应当做到以下几点要求：气瓶使用前应检查瓶体是否完好；减压器、流量表、软管、防回火装置是否有泄漏、磨损及接头松动现象；做好气瓶防倾倒措施；检查盛装气体是否符合作业要求；空瓶、实瓶分别存放并贴好状态标签；气瓶储存安全，即气瓶库应通风、干燥、防雨淋、防水浸，避免阳光直射，实瓶一般应立放储存，妥善固定，并采取防倾倒措施，气瓶卧放的（乙炔瓶除外），应防止滚动，头部应朝同一方向；气瓶搬运安全，装卸气瓶时，必须配好瓶帽（有保护罩的除外），防止瓶阀受力损伤，装卸中轻装轻卸，严禁抛、滑、滚、碰；人工搬运气瓶，应手搬瓶肩，转动瓶底，不得拖拽、滚动或用脚蹬踹气瓶；安全管理，建立健全气瓶安全管理制度，确保有章可循，识别各种气瓶充装危险因素，制定应急预案并扎实开展应急演练，提升员工处理突发事故的应急能力及减少人员伤害、财产损失。

第四节　压力容器典型事故案例

一、事故概况

某月 15 日 21：00，某化工总厂氯氢分厂 1 号氯冷凝器列管腐蚀穿孔，造成含铵盐水泄漏到液氯系统，产生大量易燃的三氯化氮。16 日凌晨发生排污罐爆炤，01：33 全厂停车；02：15 左右，排完盐水 4 h 后的 1 号盐水泵在停止状态下发生粉碎性爆炸。16 日 17：57，在抢险过程中，忽然听到连续两声爆响，经查是 5 号、6 号液氯储罐内的三氯化氮发生了爆炸。爆炸使 5 号、6 号液氯储罐罐体破裂解体，并将地面炸出 1 个长 9 m、宽 4 m、深 2 m 的坑，以坑为中心半径 200 m 范围内的地面与建筑物上散落着大量爆炸碎片。

二、事故原因分析

经调查分析确认，导致爆炸发生直接因素的关系链为：氯冷凝器列管腐蚀穿孔→盐水泄漏进入液氯系统→氯气与盐水中的铵反应产生三氯化氮→三氯化氮富集达到爆炸浓度→启动事故氯处理装置造成振动引爆三氯化氮。

1. 直接原因

（1）设备腐蚀穿孔导致盐水泄漏是造成三氯化氮形成和富集的原因。根据技术鉴定和专家分析，故障造成氯气泄漏、含铵盐水流失，使 1 号氯冷凝器列管腐蚀穿孔。列管腐蚀穿孔的主要原因是：

①氯气、液氯、氯化钙冷却盐水对氯冷凝器存在腐蚀作用。

②列管内氯气中的水分对碳钢的腐蚀。

③列管外盐水中由于离子电位差对管材产生电化学腐蚀和电腐蚀。

④列管和管板焊接处的应力腐蚀。

⑤使用时间较长，并未进行耐压实验，使腐蚀现象未能在腐蚀和穿孔前及时发现。

（2）三氯化氮富集达到爆炸浓度和启动事故氯处理装置造成振动引起三氯化氮爆炸。

经调查证实，厂方现场处理人员未经指挥部同意，为加快氯气处理速度，在对三氯化氮富集爆炸危险性认识不足情况下，判定失误，自行启动了事故氯处理装置，对4号、5号、6号液氯储罐（计量槽）及1号、2号、3号汽化器进行抽吸处理。在抽吸过程中，事故氯处理装置水封处的三氯化氮因与空气接触并振动而首先发生爆炸，爆炸形成的巨大能量通过管道传递到液氯储罐内，搅动和振动了液氯储罐中的三氯化氮，导致液氯储罐内的三氯化氮爆炸。

2. 间接原因

（1）该厂压力容器设备管理混乱，设备技术档案资料不齐全。未及时维修、保养和检查记录，致使设备腐蚀现象未能及早发现采取措施。

（2）安全生产责任制落实不到位。未能将目标责任分解到厂属各相关单位。

（3）安全生产整改监视检查不力。安全方面存在的隐患未能有效地整改。

三、事故简评

此次事故直接原因是因氯冷凝器列管腐蚀泄漏，含高浓度铵的盐水进入液氯系统，产生极易爆炸的三氯化氮且迅速聚集，以及人为处理措施不当所致。此次事故表明，对三氯化氮爆炸的处理确实存在很大的复杂性、不确定性和不可预见性。如果氯化钙盐水多年未更换也未进行过检测，易造成盐水中的铵不断聚集，为产生大量三氯化氮创造了条件，且为爆炸留下隐患。

复习题及参考答案

一、复习题

（一）判断题

1. 未取得移动式压力容器（气瓶）充装许可证的充装单位，不得从事气瓶充装工作。（ ）

2. 操作人员及时、正确判断压力容器故障和处理故障，就能有效防止事故发生。（ ）

3. 压力容器的维修、改造单位可由使用单位组织专业人员进行。（ ）

4. 快开门压力容器缺少安全联锁装置或联锁装置失灵时，应停止使用。（ ）

5. 压力容器使用单位应对压力容器及安全附件、安全保护装置等应进行定期校验、检修。（ ）

（二）单选题

1. 压力容器跨原登记机关变更登记，压力容器的（ ）不变。

A. 使用登记证号　　B. 注册代码

C. 使用登记证有效期　　D. 使用登记证号和注册代码

2. 当压力容器内充满液化气体介质后，容器内的介质随（ ），容器内的压力会急剧增加，导致超压爆炸事故的发生。

A. 环境温度下降　　B. 环境温度升高

3.《特种设备安全监察条例》规定，压力容器的作业人员及其相关管理人员，应当按国家有关规定经（ ）考核合格，取得国家统一格式的特种设备安全管理和作业人员证书，方可从事相应的作业或者管理工作。

A. 安全生产监督管理部门

B. 主管单位

C. 特种设备安全监督管理部门

4.《特种设备安全监察条例》规定，我国对压力容器的使用管理实行（ ）管理制度。

A. 安全注册　　B. 许可证　　C. 使用登记

5. 对于进口压力容器，压力容器到达口岸后，应按国家规定及时申报省级锅炉压力容器安全监察机构，进行（ ）。

A. 安全性能监督检验　　B. 全面检验　　C. 耐压试验

6.《固定式压力容器安全技术监察规程》根据压力容器的危险程度，将监察范围内的压力容器按危险程度分为（　）三类，以利于分类监督管理。

A. 第Ⅰ类、第Ⅱ类、第Ⅲ类

B. A 类、B 类、C 类

C. 高压容器、中压容器、低压容器

7. 国家针对压力容器设计环节的监督管理是实行（　）制度。

A. 设计资格许可　　B. 设计文件鉴定　　C. 监督检查

8. 下列哪种属于较大事故（　）。

A. 压力容器、压力管道有毒介质泄漏，造成 15 万人以上转移的

B. 压力容器、压力管道有毒介质泄漏，造成 5 万人以上 15 万人以下转移的

C. 压力容器、压力管道有毒介质泄漏，造成 1 万人以上 5 万人以下转移的

D. 压力容器、压力管道有毒介质泄漏，造成 500 人以上 1 万人以下转移的

9. 是否属于压力容器监察范围主要根据容器的（　）确定。

A. 大小　　B. 类别　　C. 发生事故的可能性和事故危害的严重性

10.（　）压力容器为事故的危害性最严重的。

A. 第Ⅰ类　　B. 第Ⅲ类　　C. 第一类　　D. 第三类

二、参考答案

（一）判断题

1. √　　2. √　　3. ×　　4. √　　5. √

（二）单选题

1.B　　2.B　　3.C　　4.C　　5.A

6.A　　7.A　　8.C　　9.C　　10.B

第四章　压力管道

第一节　压力管道基础知识

一、压力管道基本概念

压力管道是指利用一定的压力，用于输送气体或者液体的管状设备，其范围规定为最高工作压力大于或等于 0.1 MPa（表压），介质为气体、液化气体、蒸汽或者可燃、易爆、有毒、有腐蚀性、最高工作温度高于或等于标准沸点的液体，且公称直径大于或等于 50 mm 的管道。公称直径小于 150 mm，且其最高工作压力小于 1.6 MPa（表压）的输送无毒、不可燃、无腐蚀性气体的管道和设备本体所属管道除外。其中，石油天然气管道的安全监督管理还应按照《中华人民共和国安全生产法》《中华人民共和国石油天然气管道保护法》等法律法规实施。

注：新《特种设备目录》的压力管道定义中“公称直径小于 150 mm，且其最高工作压力小于 1.6 MPa（表压）的输送无毒、不可燃、无腐蚀性气体的管道”所指的无毒、不可燃、无腐蚀性气体，不包括液化气体、蒸汽和氧气。

不涉及公共安全的个人（家庭）自用的压力管道不属于《特种设备使用管理规则》管辖范围。

二、压力管道类别和级别划分

1. 划分标准

（1）低压管道，$P \leqslant 1.6$ MPa。

（2）中压管道，1.6 MPa $< P \leqslant$ 10 MPa。

（3）高压管道，10 MPa $< P \leqslant$ 100 MPa。

（4）超高压管道，$P >$ 100 MPa。

2. 管道级别

（1）长输管道（GA），指产地、储存库、使用单位之间的用于输送商品介质的管道，分为：

GA1：①设计压力大于或等于 4.0 MPa（表压）的长输输气管道；②设计压力大于或等于 6.3 MPa（表压）的长输输油管道。

GA2：GA1 级以外的长输管道。

（2）公用管道（GB），指城市或乡镇范围内的用于公用事业或民用的管道，分为 CB1 燃气管道和 GB2 热力管道。

（3）工业管道（GC），指企业、事业单位所属用于输送工艺介质的工艺管道、公用工程管道及其他辅助管道。分为：

GC1：①输送《危险化学品目录》中规定的毒性程度为急性毒性类别 1 介质、急性毒性类别 2 气体介质和工作温度高于其标准沸点的急性毒性类别 2 液体介质的工艺管道；②输送《石油化工企业设计防火规范》GB 50160、《建筑设计防火规范》GB 50016 中规定的火灾危险性为甲类、乙类可燃气体或者甲类可燃液体（包括液化烃），并且设计压力大于或等于 4.0 MPa（表压）的工艺管道；③输送流体介质，并且设计压力大于或等于 10.0 MPa（表压），或者设计压力大于或等于 4.0 MPa（表压）且设计温度高于或等于 400 ℃的工艺管道。

GC2：① GC1 级以外的工艺管道；②制冷管道。

GCD：动力管道，火力发电厂用于输送蒸气、汽水两相介质的管道。

三、压力管道原件及作用

压力管道元件，包括管道组成件和管道支承件。管道组成件是指用于连接或者装配成承载压力且密封的管道系统的元件，包括管子、管件、法兰、密封件、紧固件、阀门、安全保护装置以及诸如膨胀节、挠性接头、耐压软管、过滤器（如 Y 形、T 形等）、管路中的节流装置（如孔板）和分离器等。管道支承件是指将管道载荷传递到管架结构上的元件，包括吊杆、弹簧支吊架、斜拉杆、平衡锤、松紧螺栓、支撑杆、链条、导轨、鞍座、滚柱、托座、滑动支座、吊耳、管吊、卡环、管夹、U 形夹和夹板等。

1. 常用管子包括钢管和 PE 管，其为压力管道的主要组成。

2. 常用管件有弯头、三通、四通。其中，弯头的作用为改变管路方向，三通、四通的作用为用于管道分流或汇流，异径管 / 大小头的作用为改变管径。

3. 常用法兰包括平焊法和长颈对焊法，其作用为连接阀门和管道。

4. 密封件的作用是防止管道介质流出。

5. 阀门的作用是用来开闭管路、控制流向、调节和控制输送介质的参数（温度、压力和流量）的管路附件。

6. 管道膨胀节（补偿器）的作用是补偿因温度与机械振动引起的附加应力。

7. 安全阀的作用是当管道压力超过规定值时，安全阀打开，将管道中的一部分介质排入管道外，使管道压力不超过允许值，从而保证管道不因压力过高而发生事故。

8. 紧急切断装置的作用是当管道破裂或者其他原因造成介质泄漏时，管内介质流速急增，阀门立即自行关闭，进行紧急止漏。

9. 压力表、温度表的作用是指示压力、温度。

四、特点

1. 压力管道是一个系统，相互关联，相互影响，牵一发而动全身。

2. 压力管道长径比很大，极易失稳，受力情况比压力容器更复杂。压力管道内流体流动状态复杂，缓冲余地小，工作条件变化频率比压力容器高，如高温、高压、低温、低压、位移变形、风、雪、地震等因素都有可能影响压力管道受力情况。

3. 管道组成件和管道支承件的种类繁多，各种材料各有其特点和具体技术要求，材料选用复杂。

4. 管道上的可能泄漏点多于压力容器，仅一个阀门通常就有 5 处。

5. 压力管道种类多，数量大，设计、制造、安装、检验、应用管理环节多，与压力容器大不相同。

第二节　压力管道使用安全管理

压力管道的使用单位负责本单位管道的安全工作，保证管道的安全使用，对管道的安全性能负责。使用单位应当按照《压力管道安全技术监察规程——工业管道》TSG D0001 的有关规定，配备必要的资源和具备相应资格的人员从事压力管道的安全管理、安全检查、操作、维护保养和一般改造、维修工作。

一、压力管道使用单位安全管理基本要求

压力管道使用单位承担本单位压力管道的安全的主体责任，负责本单位压力管道的安全工作，保证压力管道的安全使用，对压力管道的安全性能负责。基本要求如下：

1. 使用单位应当建立并且有效实施压力管道安全管理制度和节能管理制度，以及制定压力管道工艺操作规程和岗位操作规程，并明确提出管道的安全操作要求。

2. 采购、使用取得生产许可（含设计、制造、安装、改造、修理），并且经检验合格的压力管道，不得采购超过设计使用年限的管道，禁止使用国家明令淘汰和已经报废的管道及管道元件。

3. 设置压力管道安全管理机构，配备相应的安全管理人员和作业人员，建立人员管理台账，开展安全与节能培训教育，保存人员培训记录。

4. 办理压力管道使用登记，领取特种设备使用登记证，不得无证使用，设备注销时应交回使用登记证。

5. 建立压力管道台账及技术档案。

6. 对压力管道作业人员作业情况进行检查，及时纠治违章作业行为。

7. 对压力管道进行经常性维护保养和定期自行检查，及时排查和消除事故隐患，对压力管道的安全附件、安全保护装置及其附属仪器仪表进行定期校验（检定、校准）、检修，制订年度定期检验计划及组织实施的方法、在线检验的组织实施方法。在压力管道定期检验合格有效期届满前 1 个月，向检验检测机构提出定期检验申请，并提供相应技术资料和条件准备，并且做好相关配合工作。

8. 制定压力管道事故应急专项预案，定期进行应急演练；发生事故时，应当按照《特种设备事故报告和调查处理规定》及时向特种设备安全监管部门报告，配合事故调查处理等。

9. 保证压力管道安全、节能的必要投入。

10. 新压力管道投入使用前，使用单位应当核对是否具有相关规程要求的安装质量证明文件。

11. 对在用管道的故障、异常情况，使用单位应当查明原因，对故障、异常情况和检查、定期检验中发现的安全隐患或缺陷，使用单位应当及时采取措施，消除安全隐患后，方可重新投入使用。

12. 对存在严重安全隐患，不能达到合乎使用要求的管道，使用单位应当及时予以报废。

13. 使用单位应当对停用或者报废的管道采取必要的安全措施。

二、压力管道使用单位人员配备要求

按市场监管总局关于特种设备行政许可有关事项的公告（2019 年第 3 号）附件 2 的规定，取消原规定中压力管道相关的锅炉压力容器压力管道安全管理 A3、压力管道巡检维护 D1、带压封堵 D2、带压密封 D3 等作业人员证件，增加特种设备安全管理 A 的作业项目来管理特种设备。

使用单位主要负责人、安全管理负责人、安全管理机构（或专、兼职安全管理员）及压力管道使用部门组成的管理体系如图 4-1 所示。

1. 主要负责人

主要负责人是指压力管道使用单位实际最高管理者，对其单位所使用的压力管道安全负总责，压力管道使用单位的主要负责人是指在本单位的日常生产、经营和使用特种设备的活动中具有决策权的领导人员，包括法人代表以及其他主要的领导和管理人员。

2. 安全管理负责人

特种设备使用单位应当配备安全管理负责人。特种设备安全管理负责人是指使用单位最高管理层中主管本单位特种设备使用安全管理的人员。按照本规则要求设置安全管

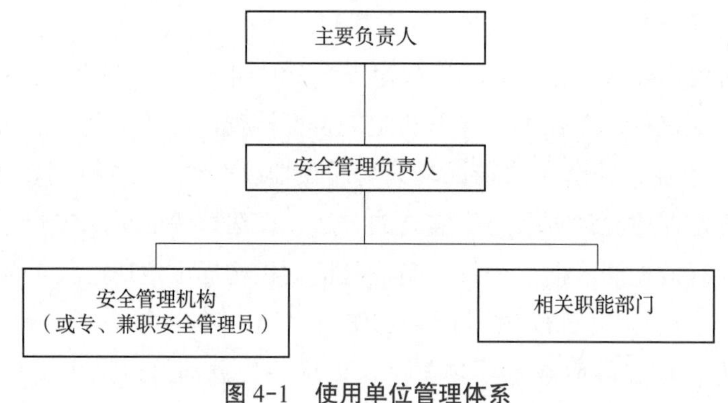

图 4-1 使用单位管理体系

理机构的使用单位安全管理负责人，应当取得相应的特种设备安全管理人员资格证书。

3. 安全管理员

特种设备安全管理员是指具体负责特种设备使用安全管理的人员，特种设备使用单位应当根据本单位特种设备的数量、特性等配备适当数量的安全管理员，使用 10 km 以上（含 10 km）工业管道应当配备专职安全管理员，并取得相应的特种设备安全管理人员资格证书；除此之外，使用单位可以配备兼职安全管理员，也可以委托具有特种设备安全管理人员资格的人员负责使用管理，但是特种设备安全使用的责任主体仍然是使用单位。

三、压力管道安全技术档案、管理制度和操作规程

1. 使用单位应建立压力管道安全技术档案并保存至设备报废，应包括以下内容：

（1）压力管道使用登记证。

（2）特种设备使用登记表。

（3）压力管道设计、安装、改造和修理的方案、管道单线图（轴测图）、材料质量证明书和施工质量证明文件、安装改造修理监督检验报告、验收报告等技术资料。

（4）压力管道定期自行检查记录（报告）和定期检验报告。

（5）压力管道日常使用状况记录。

（6）压力管道及其附属仪器仪表维护保养记录。

（7）压力管道安全附件和安全保护装置校验、检修、更换记录和有关报告。

（8）压力管道运行故障和事故记录及事故处理报告。

2. 压力管道管理制度至少包括以下内容：

（1）压力管道安全管理机构（需要设置时）和相关人员岗位职责。

（2）压力管道经常性维护保养、定期自行检查和有关记录制度。

（3）压力管道使用登记、定期检验申请实施管理制度。

（4）压力管道隐患排查治理制度。

（5）压力管道安全管理人员管理和培训制度。

（6）压力管道元件采购、安装、改造、修理、报废等管理制度。

（7）压力管道应急救援管理制度。

（8）压力管道事故报告和处理制度。

3. 使用单位应当根据压力管道运行特点等，制定操作规程。操作规程一般包括压力管道运行参数、操作程序和方法、维护保养要求、安全注意事项、巡回检查和异常情况处置规定，以及相应记录等。主要内容如下：

（1）操作工艺控制指标，包括最高工作压力、最高或最低操作温度、压力及温度波动控制范围。

（2）介质成分，尤其是腐蚀性或爆炸极限等介质成分的控制值。

（3）管道操作方法，包括开停车的操作程序和有关注意事项。

（4）运行中重点检查的部位和项目。

（5）运行中可能出现的异常现象的判断和处理办法、报告程序和防范措施。

（6）停用时的封存和保养方法。

（7）确保安全附件灵敏可靠的要求等。

四、维护保养与巡回检查

1. 经常性维护保养

使用单位应当根据压力管道特点和使用状况对特种设备进行经常性维护保养，维护保养应当符合有关安全技术规范和产品使用维护保养说明的要求。对发现的异常情况及时处理，并且作出记录，保证在用压力管道始终处于正常使用状态。维护保养的主要内容有：

（1）经常检查压力管道的防腐措施，保证其完好无损，要避免对管道表面不必要的碰撞，保持管道表面的光洁，减少各种电离、化学腐蚀。

（2）对高温管道，在开工升温过程中需对管道法兰连接螺栓进行热态紧固。对低温管道，在降温过程中需进行冷态紧固。检查高温管道的保温、低温管道的保冷效果是否良好，有破损的及时修复。

（3）阀门的操作机构要经常除锈上油，定期进行活动，保证其开关灵活，且无泄漏等情况。

（4）要定期检查紧固螺栓完好状况，做到齐全、不锈蚀、丝扣完整，连接可靠。

（5）压力管道因外界因素产生较大振动时，应采取隔断振源、加强支承等减振措施，发现摩擦等情况应及时采取措施。

（6）静电跨接、接地装置要保持良好完整，测量电阻值是否符合标准要求。

（7）停用的压力管道应排除内部的腐蚀性介质，并进行置换、清洗和干燥，必要时做惰性气体保护，外表面应涂刷防腐油漆，防止环境因素腐蚀。对有保温层的管道要注意保温层下的防腐和支座处的防腐。

（8）禁止将管道及支架作电焊的零线和起重工具的锚点、撬抬重物的支撑点。

（9）及时消除各个位置的跑、冒、滴、漏。

（10）管道的底部和弯曲处是系统的薄弱环节，这些地方最易发生腐蚀和磨损，因此必须经常对这些部位进行检查，必要时进行壁厚测量，以便在发生某种损坏之前，采取修理和更换措施。

（11）安全阀、压力表要经常擦拭，确保其灵活、准确，并按时进行检查和校验。

（12）紧急切断装置应每隔一段时间进行保养并动作调试，保证其灵敏可靠。

2. 管道运行的巡回检查

为保证压力管道的安全运行，使用单位应当根据所使用压力管道的类别、品种和特性进行巡回检查，制定严格的压力管道巡回检查制度，要明确检查人员、检查时间、检查部位、应检查的项目，操作人员和维修人员均要按照各自的责任和要求定期按巡回检查路线完成每个部位、每个项目的检查，并做好巡回检查记录。巡回检查的主要内容有：

（1）压力管道各项工艺操作指标参数、运行情况、系统的平稳情况。

（2）管道接头、阀门及各管件密封无泄漏情况。

（3）防腐层、保温层是否完好。

（4）管道振动情况。

（5）管道支吊架的紧周、腐蚀和支承情况，管架、基础完好状况。

（6）管道之间、管道与相邻构件的摩擦情况。

（7）阀门等操作机构润滑是否良好

（8）安全阀、压力表、爆破片、紧急切断装置等安全保护装置运行状况。

（9）静电跨接、静电接地、抗腐蚀阴阳极保护装置的运行、完好状况。

（10）有无第三方施工影响管道安全。

（11）管道线路的里程桩、标志桩、转角桩情况是否完好。

（12）其他缺陷等。

3. 特别加强巡回检查的管道

应特别加强巡回检查的管道有：

（1）生产流程重要部位的压力管道，如加热炉出口、塔底部、反应器底部、高温高压机泵、压缩机的进出口等处的压力管道。

（2）穿越公路、桥梁、铁路、河流、居民点的压力管道。

（3）城市公用管道上违章修筑的建筑物、构筑物和堆放物的压力管道。

（4）输送易燃、易爆、有毒和腐蚀性介质的压力管道。

（5）工作条件苛刻的管道、存在交变载荷的压力管道。

（6）环境敏感区、城乡规划区的压力管道。

（7）军事禁区、飞机场、铁路及汽车客运站、海（河）港码头的压力管道。

（8）高压直流换流站接地极、变电站等强干扰区域的压力管道。

（9）人员密集处的压力管道。

在巡回检查中遇有下列情况时，应立即采取紧急措施并且按照规定程序向安全管理人员和有关负责人报告，查明原因，并及时采取有效措施，必要时停止管道运行，安排检验、检测，不得带病运行、冒险作业，待故障、异常情况消除后方可继续使用。

（1）介质压力、温度超过材料允许的使用范围且采取措施后仍不见效。

（2）管道及管件发生裂纹、鼓瘪、变形、泄漏或异常振动、声响等。

（3）安全保护装置失效。

（4）发生火灾等事故且直接威胁正常安全运行。

（5）发生有毒气体泄漏直接破坏环境及危及人身安全。

（6）压力管道的阀门及监控装置失灵，危及安全运行。

五、使用登记

压力管道实行使用登记管理制度，对符合使用要求的工业管道发放使用登记证。

1. 压力管道使用登记的范围

使用登记按《特种设备使用登记规定》TSG 08—2017 规定，压力管道使用登记一般要求如下：

（1）压力管道在投入使用前或者投入使用后 30 日内，使用单位应当向特种设备所在地的直辖市或者设区的市的特种设备安全监管部门申请办理使用登记。办理使用登记的直辖市或者设区的市的特种设备安全监管部门，可以委托其下一级特种设备安全监管部门（以下简称登记机关）办理使用登记。

（2）国家明令淘汰或者已经报废的压力管道，不符合安全性能或者能效指标要求的压力管道，不予办理使用登记。

（3）锅炉与用热设备之间的连接管道总长小于或等于 1 000 m 时，压力管道随锅炉一同办理使用登记；亦即是说，该锅炉及其相连接的管道可由持有锅炉安装许可证的单位一并进行安装，由具备相应资质的安装监检机构一并实施安装监督检验。管道总长超过 1 000 m 时，与锅炉连接的管道必须由持有压力管道安装许可证的单位进行安装，并单独办理压力管道使用登记。包含压力容器的撬装式承压设备系统或者机械设备系统中的压力管道可以随其压力容器一同办理使用登记。

2. 登记方式

工业管道以使用单位为对象办理使用登记，即一个使用单位发一个使用登记证书。

应当向登记机关提交以下相应资料，并且对其真实性负责：

（1）使用登记表（一式两份）。

（2）含有使用单位统一社会信用代码的证明。

（3）压力管道应当提供安装监督检验证明，达到定期检验周期的压力管道还应当提供定期检验证明；未进行安装监督检验的，应当提供定期检验证明。

（4）压力管道基本信息汇总表——工业管道。

3. 达到设计使用年限的压力管道

压力管道达到设计使用年限，使用单位认为可以继续使用的，应当按照安全技术规范及相关产品标准的要求，经检验或者安全评估合格，由使用单位安全管理负责人同意、主要负责人批准，办理使用登记变更后，方可继续使用。允许继续使用的，应当采取加强检验、检测和维护保养等措施，确保使用安全。

4. 停用

压力管道拟停用 1 年以上的，使用单位应当采取有效的保护措施，并且设置停用标志，在停用后 30 日内填写特种设备停用报废注销登记表，告知登记机关。重新启用时，使用单位应当进行自行检查，到使用登记机关办理启用手续；超过定期检验有效期的，应当按照定期检验的有关要求进行检验。

5. 报废

对存在严重事故隐患，无改造、修理价值的压力管道，或者达到安全技术规范规定的报废期限的，应当及时予以报废，产权单位应当采取必要措施消除该压力管道的使用功能。压力管道报废时，按台（套）登记的特种设备应当办理报废手续，填写特种设备停用报废注销登记表，向登记机关办理报废手续，并且将使用登记证交回登记机关。

6. 长输管道、公用管道使用登记

按原国家质检总局办公厅关于压力管道气瓶安全监察工作有关问题的通知（质检办特〔2015〕675 号）的规定，长输管道、公用管道暂停办理使用登记。

六、压力管道运行和控制

1. 操作压力和温度控制

使用压力和使用温度是管道设计、选材、制造和安装的重要依据。只有严格按照压力管道安全操作规程中规定的控制操作压力和操作温度运行，才能保证管道的使用安全。在运行过程中，操作人员应严格控制工艺指标，加载和卸载的速度不要过快。高温或低温（-20 ℃以下）条件下工作的管道，加热或冷却应缓慢进行。管道运行时应尽量避免压力和温度的大幅度波动，尽量减少管道的开停次数。当工业管道操作工况超过设计条件时，应当符合《压力管道规范　工业管道》GB/T 20801 关于允许超压的规定：GC1 级管道压力和温度不得超出设计范围；对同时满足第（1）～（8）条要求的 GC2 和

GC3 级管道，其压力和温度允许的变动应符合第（9）条的规定：

（1）管道系统中没有铸铁或其他脆性金属材料的管道组成件。

（2）由压力产生的管道名义应力应不超过材料在相应温度下的屈服强度。

（3）轴向总应力应符合 GB/T 20801 中的相关规定。

（4）管道系统预期寿命内，超过设计条件的压力和温度变化的总次数应不大于 1 000 次。

（5）持续和周期性变动不得改变管道系统中所有管道组成件的操作安全性能。

（6）压力变动的上限值不得大于管道系统的试验压力。

（7）温度变动的下限值不得小于 GB/T 20801 规定的材料最低使用温度。

（8）鉴于压力变动超过阀门额定值可能导致阀座的密封失效或操作困难，阀门闭合元件的压力差不宜超过阀门制造商规定的最大额定压力差。

（9）压力超过相应温度下的压力额定值或由压力产生的管道名义应力超过材料许用应力值的幅度和频率应满足下列条件之一：

①变动幅度不大于 33%，每次变动时间不超过 10 h，且每年累计变动时间不超过 100 h。

②变动幅度不大于 20%，每次变动时间不超过 50 h，且每年累计变动时间不超过 500 h。

2. 交变载荷控制

在反复交变载荷的作用下，管道将产生疲劳破坏。压力管道的疲劳破坏主要是属于金属的低周疲劳，其特点是应力较大而交变频率较低。在几何结构不连续的地方和焊缝附近存在应力集中，有的可能达到或超过材料的屈服极限。这些应力如果交变地加载与卸载，将会使受力最大的晶粒产生塑变并逐渐发展为细微的裂纹。随着应力周期变化，裂纹将逐步扩展，最后导致破坏。管道交变应力产生的原因主要有：

（1）因间断输送介质而对管道反复地加压和卸压、升温和降温。

（2）运行中压力波动较大。

（3）运行中温度发生周期性变化，产生管壁温度应力的反复变化。

（4）因其他设备、支撑的交变外力和受迫振动。

为了防止管道的疲劳破坏，就应尽量避免不必要的频繁加压和卸压，避免过大的压力、温度波动，力求平稳操作。

3. 腐蚀介质含量控制

在用压力管道对腐蚀介质含量及工况应有严格的工艺指标进行监控。压力管道介质成分的控制是压力管道运行控制的极为重要的内容之一。对于介质超标等违反工艺规程、操作规程的行为，使用单位必须作出明确规定，加以坚决制止。如：奥氏体不锈钢管道应控制介质氯离子含量、铜管道应控制铵离子含量。

第三节 压力管道安全风险控制

为了确保管道运行有条不紊，动能供应经济安全，必须对各种管道在投入运行前进行一系列的检查和试验，同时对已投入运行的管道进行定期维修，做好安全风险控制。

一、压力管道安全运行常见隐患

1. 管道安全管理情况需排查以下内容：

（1）安全管理制度和操作规程不齐全或无效，安全管理制度和操作规程不符合规范要求，安全管理制度和操作规程未得到有效实施。

（2）相关安全技术规范规定的设计文件、安装竣工图、质量证明文件、监督检验证书以及安装、改造、修理资料不完整。

（3）安全管理人员未持证上岗。

（4）日常维护、运行记录、定期安全检查记录不符合要求。

（5）年度检查、定期检验报告不齐全，检查、检验报告中所提出的问题未得到解决。

（6）安全附件与仪表校验（检定）、修理和更换记录不全。

（7）没有按照相关要求制定应急预案，且无演练记录。

（8）没有对事故、故障以及处理情况进行记录。

2. 管道漆色、标志等不符合相关规定。

二、压力管道竣工文件的检查

竣工文件是指装置（单元）设计、采购及施工完成之后的最终图样及文件资料，主要包括设计竣工文件、采购竣工文件和施工竣工文件三大部分。

1. 设计竣工文件。主要是检查设计文件是否齐全、设计方案是否满足生产要求、设计内容是否有足够而且切实可行的安全保护措施等内容。在确认这些方面满足开车要求时，才可以开车，否则应进行整改。

2. 采购竣工文件。检查项目有：

（1）采购文件应齐全，应有相应的采购技术文件。

（2）采购文件应与设计文件相符。

（3）采购变更文件（采购代料单）应齐全，并得到设计人员的确认。

（4）产品随机资料应齐全，并应进行妥善保存。

3. 施工竣工文件。需要检查的施工竣工文件主要包括下列文件：

（1）重点管道的安装记录。

（2）管道的焊接记录。

（3）焊缝的无损探伤及硬度检验记录。

（4）管道系统的强度和严密性试验记录。

（5）管道系统的吹扫记录。

（6）管道隔热施工记录。

（7）管道防腐施工记录。

（8）安全阀调整试验记录及重点阀门的检验记录。

（9）设计及采购变更记录。

（10）其他施工文件。

三、压力管道竣工现场检查

现场检查包括设计与施工漏项、未完工程、施工质量三个方面的检查。

1. 设计与施工漏项检查。设计与施工漏项可能发生在各个方面，出现频率较高的问题有以下几个方面：

（1）阀门、跨线、高点排气及低点排液等遗漏。操作及测量指示点太高以致于无法操作或观察，尤其是仪表现场指示元件。缺少梯子或梯子设置较少，巡回检查不方便；支架、吊架偏少，以致于管道挠度超出标准要求，或管道不稳定。

（2）管道或构筑物的梁柱等影响操作通道。

（3）设备、机泵、特殊仪表元件（如热电偶、仪表箱、流量计等）和阀门等缺少必要的操作及检修场地，或空间太小，操作及检修不方便。

2. 未完工程检查。适用于中间检查或分期、分批投入开车的装置检查。对于本次开车所涉及的工程，必须确认其已完成并不影响正常的开车。对于分期、分批投入开车的装置，未列入本次开车的部分，应进行隔离，并确认它们之间相互不影响。

3. 施工质量检查。施工质量问题可能发生在各个方面，因此应全面检查。可着重从以下几个方面进行检查：管道及其元件方面，支架、吊架方面，焊接方面，隔热、防腐方面。

四、压力管道建档、标志与数据采集

1. 建档。压力管道的档案中至少应包括下列内容：管线号、起止点、介质（包括各种腐蚀性介质及其浓度或分压）、操作温度、操作压力、设计温度、设计压力、主要管道直径、管道材料、管道等级（包括公称压力和壁厚等级）、管道类别、隔热要求、热处理要求、管道等级号、受监测管道投入运行日期、事项记录等。

2. 标志与数据采集。管道的标志可分为常规标志和特殊标志两大类。特殊标志是针对各个压力管道的特点，有选择地对压力管道的一些薄弱点、危险点、在热状态下可能发生失稳（如蠕变和疲劳等）的典型点、重点腐蚀监测点、重点无损探测点及其他重点检查点等所做的标志。在选择上述典型点时，应优先选择压力管道的以下部位：弹簧支架、吊架点，位移较大的点，腐蚀比较严重的点，需要进行挂片腐蚀试验的点，振动管道的典型点，高压法兰接头，重设备基础标高，以及其他必要标志记录的点。

压力管道使用者应在这些影响压力管道安全的地方设置监测点并予以标识，在运行中加强观测。确定监测点之后，应登记造册并采集初始（开工前的）数据。

五、运行中的检查和监测

运行中的检查和监测包括运行初期检查、巡线检查及在线监测、末期检查及寿命评估三个部分。

1. 运行初期检查。当管道初期升温和升压后，可能存在的设计、制造、施工等问题都会暴露出来。此时，操作人员应会同设计、施工等技术人员，对运行的管道进行全面系统的检查，以便及时发现问题，及时解决。在对管道进行全面系统检查的过程中，应着重从管道的位移情况、振动情况、支撑情况、阀门及法兰的严密性等方面进行检查。

2. 巡线检查及在线监测。在装置运行过程中，由于操作波动等其他因素的影响，或压力管道及其附件在使用一段时期后因遭受腐蚀、磨损、疲劳、蠕变等损伤，随时都可能发生压力管道的破坏，故应对正在使用的压力管道进行定期或不定期的巡检，及时发现可能产生事故的苗头，并采取措施，以免造成较大的危害。压力管道的巡线检查内容除全面进行检查外，还可着重从管道的位移、振动、支撑情况及阀门和法兰的严密性等方面进行检查。除了进行巡线检查外，对于重要管道或管道的重点部位还可利用现代检测技术进行在线监测，即利用工业电视系统、声发射检漏技术、红外线成像技术等对在线管道的运行状态、裂纹扩展动态、泄漏等进行不间断监测，并判断管道的稳定性和可靠性，从而保证压力管道的安全运行

3. 末期检查及寿命评估。压力管道经过长期运行，因遭受介质腐蚀、磨损、疲劳、老化、蠕变等的损伤，一些管道已处于不稳定状态或临近寿命终点，因此更应加强在线监测，并制定好应急措施和救援方案，随时准备抢险救灾。在做好在线监测和抢险救灾准备的同时，还应加强在役压力管道的寿命评估，从而变被动安全管理为主动安全管理。压力管道寿命的评估应根据压力管道的损伤情况和检测数据进行。总体来说，主要是针对管道材料已发生的端变、疲劳、相变、均匀腐蚀和裂纹等几方面进行评估。

第四节　压力管道事故分析及典型案例

一、事故原因

1. 设计问题：设计无资质，特别是中、小型工厂的技术改造项目的设计工作往往是

自行完成，设计方案未经有关部门备案。

2. 焊缝缺陷：无证焊工施焊，焊接不开坡口，焊缝未焊透，焊缝严重错边或其他超标缺陷造成焊缝强度低下；焊后未进行检验和无损检测查出超标焊接缺陷。

3. 材料缺陷：材料选择或改代错误；材料质量差，有重皮等缺陷。

4. 阀体和法兰缺陷：阀门失效、磨损，阀体、法兰材质不合要求，阀门公称压力、适用范围选择不对。

5. 安全距离不足：压力管道与其他设施距离不合规范，压力管道与生活设施安全距离不足。

6. 安全意识和安全知识缺乏：思想上对压力管道安全意识淡薄，对压力管道有关介质（如液化石油气）安全知识贫乏。

7. 违章操作：无安全操作制度或有制度不严格执行。

8. 腐蚀：压力管道超期服役造成腐蚀，未进行在用检验评定安全状况。

二、防范措施

1. 大力加强压力管道的安全文化建设

压力管道作为危险性较大的特种设备，正式列入监管范围较晚，许多人对压力管道的安全意识淡薄。在预防事故方面，我们不能仅仅停留在对事故的表面分析，而必须在观念上确立文化意识，在工作中大力加强压力管道的安全文化建设，通过安全培训、安全教育、安全宣传、规范化的安全管理与监察，不断增强人们的安全意识，提高职工与公众的安全文化素质，这样才能体现“安全第一，预防为主”的方针。安全文化包括两部分：一部分是人的安全价值观，主要指人们的安全意识、文化水平、技术水平等；另一部分是安全行为准则，主要包括一些可见的规章制度以及其他物质设施，其中人的安全价值观是安全文化最核心、最本质的东西，应该树立“安全是一切工作的中心，只有在安全的前提下才能从事生产经营工作”的观念。对人是这样，对企业也是这样。应当意识到，压力管道必须由有设计资质的单位设计、有制造许可证的单位制造，必须要有监督检验证，使用前必须登记，全过程安全监管，这本身就是安全文化。

2. 严格新建、改建、扩建的压力管道竣工验收和使用登记制度

新建、改建、扩建的压力管道竣工验收必须有劳动行政部门人员参加，验收合格使用前必须进行使用登记，这样可以从源头把住压力管道安全质量关，使得新投入运行的压力管道必须经过检验单位的监督检验，安全质量能够符合规范要求，不带有安全隐患。新建、改建、扩建压力管道未经监督检验和复工验收合格的不得投入运行，若有违反，由劳动行政部门责令改正并可处以罚款。安全文化建设是全方位的，不仅使用单位、安装单位人员要提高安全文化素质，劳动行政部门人员、管理部门人员、检验单位人员也是一样。监督检验工作一般由被授权的检验单位进行，但检验单位由于本身职责

所限，并不知何时何地有新建、改建、扩建压力管道，只有靠各地劳动行政部门人员把关，才能使新建、改建、扩建的压力管道不漏检。严格压力管道的竣工验收和使用登记，实际上是强化制度安全文化的建设。

3. 新建、改建、扩建的压力管道实施规范化的监督检验

监督检验就是检验单位作为第三方，监督安装单位安装施工的压力管道工程的安全质量必须符合设计图纸及有关规范标准的要求。压力管道安装安全质量的监督检验是一项综合性技术要求很高的检验。监督检验人员既要熟悉有关设计、安装、检验的技术标准，又要了解安装设备的特点、工艺流程。这样才能在监督检验中正确执行有关标准规程规定，保证压力管道的安全质量。从历年事故统计的原因比例可知，通过压力管道安全质量的监督检验可以控制 80% 的事故发生原因。从锅炉压力容器的监督检验的成功经验来看，实施公正的、权威的第三者监督检验，对降低事故率起到了十分积极的作用。实践证明，即使有的压力管道工程设计安装有资质，在实际监督检验过程中还是发现了不少问题，有的工程层层分包，更需要最直接的第三方现场监督检验来给压力管道安装安全质量把关。

监督检验控制内容有两个方面，分别是安装单位的质量管理体系和压力管道安装安全质量。其中，压力管道安装安全质量主要控制点有：安装单位资质；设计图纸、施工方案；原材料、焊接材料和零部件质量证明书及其检验试验；焊接工艺评定、焊工及焊接控制；表面检查，安装装配质量检查；无损检测工艺与无损检测结果；安全附件；耐压、气密、泄漏量试验。

三、焊接要求

（一）人员素质

对压力管道焊接而言，最主要的人员是焊接责任工程师，其次是质检员、探伤员及焊工。

1. 焊接责任工程师是管道焊接质量的重要负责人，主要负责一系列焊接技术文件的编制及审核签发。如焊接性试验、焊接工艺评定及其报告、焊接方案以及焊接作业指导书等。因此，焊接责任工程师应具有较为丰富的专业知识和实践经验、较强的责任心和敬业精神。经常深入现场，及时掌握管道焊接的第一手资料；监督焊工遵守焊接工艺纪律的自觉性；协助工程负责人共同把好管道焊接的质量关；对质检员和探伤员的检验工作予以支持和指导，对焊条的保管、烘烤及发放等进行指导和监督。

2. 质检员和探伤员都是直接进行焊缝质量检验的人员，他们的每一项检验数据对评定焊接质量的优劣都有举足轻重的作用。因此，质检员和探伤员必须经上级主管部门培训考核取得相应的资格证书，持证上岗，并应熟悉相关的标准、规程规范。还应具有良

好的职业道德，秉公执法，严格把握检验的标准和尺度，不允许感情用事、弄虚作假。这样才能保证其检验结果的真实性、准确性与权威性，从而保证管道焊接质量的真实性与可靠性。

3. 焊工是焊接工艺的执行者，也是管道焊接的操作者，因此焊工的素质对保证管道的焊接质量有着决定性的意义。一个好的焊工要拥有较好的业务技能，熟练的实际操作技能不是一朝一夕便能练成的，而是通过实际锻炼甚至强化培训才能成熟，最后通过考试取得相应的焊接资格。相关的标准、法规对焊工技能、焊接范围等都作了较为明确的规定。一个好的焊工还须具有良好的职业道德、敬业精神，具有较强的质量意识，才能自觉按照焊接工艺中规定的要求进行操作。在焊接过程中集中精力，不为外界因素所干扰，不放过任何影响焊接质量的细小环节，做到一丝不苟，最终获得优良的焊缝质量。

4. 作为管理部门人员，应建立持证焊工档案，除了要掌握持证焊工的合格项目外，还应重视焊工日常业绩的考核。可定期抽查，将每名焊工所从事的焊接工作，包括射线检测后的一次合格率的统计情况，存入焊工档案。同时制订奖惩制度，对焊接质量稳定的焊工予以嘉奖，对那些质量较好、较稳定的焊工，可以委派其担任重要管道或管道中重要工序的焊接任务，使焊缝质量得到保证。

（二）焊接设备

1. 焊接设备的性能是影响管道焊接的重要因素。其选用一般遵循以下原则：

（1）满足工件焊接时所需要的必备的焊接技术性能要求。

（2）择优选购有国家强制 CCC 认证焊接设备的厂家生产的信誉度高的设备，对该焊接设备的综合技术指标进行对比，如焊机输入功率、暂载率、主机内部主要组成、外观等。

（3）考虑效率、成本、维护保养、维修费用等因素。

（4）从降低焊工劳动强度、提高生产效率考虑，尽可能选用综合性能指标较好的专用设备显得尤为重要。在国内外，许多焊接设备生产厂家都是专机专用，并打出了品牌。因此，选用焊接设备的原则首选专用，设备性能指标优中选优。只有这样，才能确保焊接质量的稳定并提高。

2. 设备的维护保养对顺利进行焊接作业、提高设备运转率及保证焊接质量起着很大的作用。这一过程不仅关乎生产效率和产品质量，更是维护操作人员安全的关键措施。焊工对所操作的设备要做到正确使用、精心维护；发现问题及时处理，不留隐患。对于经常损坏的配件，提前做好储备，要在第一时间维护设备。另外，设备上的电流、电压表是考核焊工执行工艺参数的依据，应配备齐全且保证在核定有效期内。

（三）焊接材料

焊接材料对焊接质量的影响是不言而喻的，特别是焊条和焊丝是直接进入焊缝的填充材料，将直接影响焊缝合金元素的成分和机械性能，必须严格控制和管理。焊接材料的选用应遵循以下原则：

1. 应与母材的力学性能和化学成分相匹配。

2. 应考虑焊件的复杂程度、刚性大小、焊接坡口的制备情况和焊缝位置及焊件的工作条件和使用性能。

3. 操作工艺性、设备及施工条件、劳动生产率和经济合理性。

4. 焊工的技术能力和设备能力。焊接材料按压力管道焊接的要求，应设焊材一级库和二级库进行管理。对施工现场的焊接材料储存场所及保管、烘干、发放、回收等应按有关规定严格执行。确保所用焊材的质量，保证焊接过程的稳定性和焊缝的成分与性能符合要求。

（四）焊接工艺

1. 焊接工艺文件的编制。焊接工艺文件是指导焊接作业的技术规定或措施，一般是由技术人员完成的。按照焊接工艺文件编制的程序与要求，主要有焊接性试验与焊接工艺评定、焊接工艺指导书或焊接方案、焊接作业指导书等内容。焊接性试验一般是针对新材料或新工艺进行的，是焊接工艺评定的基础，即任何焊接工艺评定均应在焊接性试验合格或掌握了其焊接特点及工艺要求之后进行的。经评定合格后的焊接工艺，其工艺指导书方可直接用于指导焊接生产。对重大或重要的压力管道工程，也可依据焊接工艺指导书或焊接工艺评定报告编制焊接方案，全面指导焊接施工。

2. 焊接工艺文件的执行。由于焊接工艺指导书及焊接工艺评定报告是作为技术文件进行管理的，是用来指导生产实践的，一般是由技术人员保存管理。因此在压力管道焊接时，往往还须编制焊接作业指导书，将所有管道焊接时的各项原则及具体的技术措施与工艺参数都讲解清楚，并将焊接作业指导书发放至焊工班组，让全体焊工在学习掌握其各项要求之后，在实际施焊中切实贯彻执行。使焊工的施工行为都能规范在有关技术标准及工艺文件要求的范围之内，才能真正保证压力管道的焊接质量。为了保证压力管道的焊接质量，除了在焊接过程中严格执行设计规定及焊接工艺文件的规定外，还必须按照有关国家标准及规程的规定，严格进行焊接质量的检验。焊接质量的检验包括焊前检验（材料检验、坡口尺寸与质量检验、组对质量及坡口清理检验、施焊环境及焊前预热等）、焊接中间检验（定位焊接质量检验、焊接线能量的实测与记录、焊缝层次及层间质量检验）、焊后检验（外观检验、无损检测）。只有严格把好检验与监督关，才能使工艺纪律得到落实，使焊接过程始终处于受控状态，从而有效保证压力管道的焊接质量。

（五）施焊环境

施焊环境因素是制约焊接质量的重要因素之一。施焊环境要求有适宜的温度、湿度、风速，才能保证所施焊的焊缝组织获得良好的外观成形与内在质量，具有符合要求的机械性能与金相组织。因此，施焊环境应符合下列规定：

1. 焊接时的环境温度应能保证焊件焊接所需的足够温度和使焊工技能不受影响。当环境温度低于施焊材料的最低允许温度时，应根据焊接工艺评定提出预热要求。

2. 焊接时的风速不应超过所选用焊接方法的相应规定值。当超过规定值时，应有防风设施。

3. 焊接电弧 1 m 半径范围内的相对湿度应不大于 90%（铝及铝合金焊接时不大于 80%）。

4. 当焊件表面潮湿，或在下雨、刮风期间，焊工及焊件无保护措施或采取措施仍达不到要求时，不得进行施焊作业。

四、压力管道安全对策措施

1. 设计

压力管道的设计单位应当具备《中华人民共和国特种设备安全法》及《特种设备安全监察条例》规定的条件，并按照压力管道设计范围，取得国家质检总局或者省级特种设备安全监督管理部门颁发的压力管道类特种设备设计许可证和压力管道设计审批人员资格证书，方可从事压力管道的设计活动。

2. 制造、安装

压力管道元件（指连接或者装配成压力管道系统的组件，包括管道、管件、阀门、法兰、补偿器、阻火器、密封件、紧固件和支架、吊架等）的制造、安装单位应当获得国家质检总局或者省级质量技术监督局许可，取得许可证方可从事相应的活动。具备自行安装能力的压力管道使用单位，经过省级质量技术监督局审批后，可以自行安装本单位使用的压力管道。

压力管道元件的制造过程，必须由国家质检总局核准的检验检测机构的有资格的检验员按照安全技术规范的要求进行监督检验。

3. 使用

使用符合安全技术规范要求的压力管道，配备专职或者兼职专业技术人员负责安全管理工作，制定符合本单位实际的压力管道安全管理制度，建立压力管道技术档案，并向所在地的市级质量技术监督局登记。

使用输送可燃、易爆或者有毒介质的压力管道单位，应当建立巡线检查制度，制定应急救援措施、救援方案和预案，根据需要建立抢险队伍或者有依托社会救援力量的及时联系方式，并定期演练。

压力管道元件安全要求定期进行校验和检查。

五、典型事故案例

某燃气公司因设计不合理、材料选材未考虑介质情况和现场使用状况，在常温情况下计算管道受力，与实际不符。管道在热应力作用下加速腐蚀，逐渐产生裂纹并扩展，最终管道受压断裂，煤气泄漏，周边住户供气中断。由于燃气管道通常埋地或架空设置，维修和更换难度也比较大。

事故原因：选材不当，应力分析失误（尤其是未考虑管道热应力）、管道振动加速裂纹等缺陷扩展导致失效，管道系统结构设计不符合法规标准和工艺要求，管道组成件和支撑件选用不合理。管理缺位，管道的设计、安装、使用、管理未按照规章制度执行，未向地方监管部门报告，未进行监督检验。有法不依，有规不循，长期的不作为，最终导致事故的发生。

压力管道检验检测容易被忽略，但作用却非常明显，纳入监管检验的压力管道，事故概率会显著下降。

复习题及参考答案

一、复习题

（一）判断题

1. 压力管道是指利用一定的压力，用于输送气体或者液体的管状设备。(　　)

2. 根据管道承受内压情况分类，可以将管道分为真空管道、低压管道、中压管道、高压管道、超高压管道。(　　)

3. 压力管道的生产要遵守《特种设备安全监察条例》的规定，压力管道的使用可以不用遵守。(　　)

4. 压力管道的使用单位应按规定制定事故应急措施和救援预案。(　　)

5. 对介质毒性为极度危害或者高度危害以及可燃流体的管道系统，在安装施工完成后不需要进行泄漏试验。(　　)

（二）单选题

1.(　　)属于城镇燃气管道。

A. GC1　　B. GC2　　C. GB1　　D. GB2

2. 从事压力管道全面检验的人员应该取得(　　)。

A. 检验人员资质证书　　B. 特种设备安全管理和作业人员证书

C. 无损检测人员证书　　D. 工程师职称

3.《特种设备安全监察条例》规定，压力管道的安装、改造、重大维修过程，必须经国务院特种设备安全监督管理部门核准的(　　)按照安全技术规范的要求进行监督检验。

A. 评估机构　　B. 中介机构　　C. 检验检测机构

4. 在选用压力管道材料时，一般优先选用(　　)。

A. 金属材料　　B. 非金属材料　　C. 无机材料　　D. 复合材料

5. 压力管道变形的产生原因不可能会是(　　)。

A. 不合理的设计　　B. 错误的安装　　C. 热应力　　D. 定期检验不认真

6. 因管道选取线、站的选址错误造成的压力管道事故属于(　　)因素造成的。

A. 设计　　B. 施工　　C. 第三方　　D. 自然灾害

7. 不改变受压元件结构而改变管道的设计压力、设计温度和介质，必须由压力管道设计单位进行设计验证，出具书面设计验证文件，并且由(　　)进行全面检验后方可进行改变。

A. 检验机构　　B. 设计单位　　C. 使用单位　　D. 安装单位

8. 压力管道如果不能进行液压试验，经过（　）单位同意可以采用气压试验或者液压—气压试验代替。

A. 使用　　B. 安装　　C. 设计　　D. 无损检测

9. 当管道介质的压力超过规定值时，启闭件（阀瓣）自动开启排放，低于规定值时自动关闭，对管道起到保护作用的是（　）。

A. 减压阀　　B. 止回阀　　C. 安全阀　　D. 疏水阀

10. 建立健全压力管道技术档案是（　）的工作。

A. 操作员　　B. 管理人员　　C. 厂长　　D. 检验机构

二、参考答案

（一）判断题

1. √　　2. √　　3. ×　　4. √　　5. ×

（二）单选题

1.C　　2.A　　3.C　　4.A　　5.D

6.A　　7.A　　8.C　　9.C　　10.B

第五章　电　　梯

第一节　电梯基础知识

一、电梯的基本概念与定义

目前，我国电梯保有量、年产量、年增长量均为世界第一，且通常将电梯归属于高耗能特种设备。《特种设备安全监察条例》《电梯、自动扶梯、自动人行道术语》分别对电梯进行了定义：

（1）《特种设备安全监察条例》中定义电梯是指动力驱动，利用沿刚性导轨运行的箱体或者沿固定线路运行的梯级（踏步），进行升降或者平行运送人、货物的机电设备，包括载人（货）电梯、自动扶梯、自动人行道等。

（2）《电梯、自动扶梯、自动人行道术语》中定义电梯为服务于固定楼层的固定式升降设备。它具有一个轿厢运行在至少两列垂直或倾斜角小于 15° 的刚性导轨之间。轿厢尺寸和结构形式便于乘客出入或装卸货物。

《电梯、自动扶梯、自动人行道术语》定义电梯仅仅指上下运行的升降式电梯，被称为狭义电梯概念；《特种设备安全监察条例》定义电梯不仅指升降式电梯，还包括水平和小倾斜角运送乘客的自动人行道与自动扶梯，被称为广义电梯概念。

经国务院批准的《特种设备目录》公布了纳入监管的电梯范围：是指动力驱动，利用沿刚性导轨运行的箱体或者沿固定线路运行的梯级（踏步），进行升降或者平行运送人、货物的机电设备，包括载人（货）电梯、自动扶梯、自动人行道等。非公共场所安装且仅供单一家庭使用的电梯除外。

按《特种设备目录》可将电梯分为曳引与强制驱动电梯（包含曳引驱动乘客电梯、曳引驱动载货电梯、强制驱动载货电梯）、液压驱动电梯（包含液压乘客电梯、液压载货电梯）、自动扶梯与自动人行道（包含自动扶梯、自动人行道）、其他类型电梯（包含防爆电梯、消防员电梯、杂物电梯）。本章重点介绍曳引驱动电梯（升降电梯）、自动扶梯与自动人行道。

二、电梯分类

电梯按基本功能一般分为升降电梯（图 5-1）、自动扶梯（图 5-2）和自动人行道（图 5-3）。

图 5-1 升降电梯　　图 5-2 自动扶梯　　图 5-3 自动人行道

（1）升降电梯按用途分为乘客电梯（TK）、载货电梯（TH）、病床电梯（TB）、汽车用电梯（TQ）和杂物电梯（TW）等。

①乘客电梯（TK）：为运送乘客而设计的电梯，具有完善的设施和安全可靠的防护装置，用于运送人员及其携带的手提物件，必要时也可运送所允许的载重量和尺寸范围内的物件。

②载货电梯（TH）：为运送通常有人伴随的货物而设计的电梯，结构牢固，载重量较大，有必备的安全防护装置。

③病床电梯（TB）：为运送病床（包括病人）及医疗设备而设计的电梯，额定载重量为 1 600 kg、2 000 kg、2 500 kg，可乘人数为 21 人、26 人、33 人。额定载重量为 1 600 kg 和 2 000 kg 的病床电梯轿厢应能满足大部分疗养院和医院的需要，额定载重量为 2 500 kg 的病床电梯轿厢应能将躺在病床上的人连同医疗救护设备一起运送。

④汽车用电梯（TQ）：为运送车辆而设计的电梯，具有结构牢固、面积较大的轿厢，有时无轿厢顶。

⑤杂物电梯（TW）：服务于规定楼层站的固定式而设计的提升装置（电梯），具有一个轿厢，由于结构方式和尺寸的关系，轿厢内不能进人。轿厢运行在两列刚性导轨之间（导轨垂直或倾斜角小于 15°）。为使人员不能进入轿厢，轿厢的尺寸应符合以下规定：

a. 底面积不得超过 1.0 m^2。

b. 深度不得超过 1.0 m。

c. 高度不得超过 1.2 m。如果轿厢由几个固定间隔组成，而每一个间隔都满足上述要求，则轿厢总高度允许超过 1.2 m。

（2）升降电梯按速度分为低、中、高、超高和特高速电梯这几种类型。

①低速电梯：电梯的速度通常不大于 1 m/s。

②中速电梯：电梯的速度通常在大于 1 m/s 且不大于 2 m/s 范围之内。

③高速电梯：电梯的速度通常在大于 2 m/s 且不大于 5 m/s 范围之内。

④超高速电梯：电梯的速度通常超过 5 m/s，安装在楼层高度超过 100 m 的建筑物内。由于这类建筑物称为“超高层”建筑，所以此种电梯也称为“超高速”电梯。

⑤特高速电梯：电梯的速度随着系列的扩展和提高，目前已经超过 10 m/s，速度最快的电梯已达到 16.7 m/s。

（3）升降电梯按控制方式分为手柄操纵控制电梯、按钮控制电梯、信号控制电梯、集选控制电梯、并联控制电梯、群控电梯等。

①手柄操纵控制电梯：由驾驶人操纵轿厢内的手柄开关，实行轿厢运行控制的电梯。目前在我国已很少有这种形式。

②按钮控制电梯：这是一种简单的自动控制方式的电梯，具有自动平层功能。电梯运行由轿厢内操纵盘上的选层按钮或层站呼梯按钮来操纵。某层站乘客将呼梯按钮按下，电梯就启动运行去应答。在电梯运行过程中，如果有其他层站呼梯按钮按下，控制系统只能把信号记录下来，不能去应答，而且也不能把电梯截住，直到电梯完成前应答运行层站之后，方可应答其他层站呼梯信号。

③信号控制电梯：这是一种自动控制程度较高的有驾驶人电梯。把各层站呼梯信号集合起来，将与电梯运行方向一致的呼梯信号按先后顺序排列，电梯依次应答接送乘客。电梯运行取决于电梯驾驶人操纵，而电梯在何层站停靠由轿厢操纵盘上的选层按钮信号和层站呼梯按钮信号控制。电梯往复运行一周可以应答所有呼梯信号。

④集选控制电梯：这是一种在信号控制基础上发展起来的高度自动控制的电梯，与信号控制电梯的主要区别在于能实现无驾驶人操纵。集选控制常用于宾馆、饭店、办公大楼的客梯。

⑤并联控制电梯：共用一套呼梯信号系统，把 2 ～ 5 台规格相同的电梯并联起来控制，共用厅门外召唤信号的电梯。无乘客使用电梯时，经常有一台电梯停靠在基站待命称为基梯；另一台电梯则停靠在行程中间预先选定的层站称为自由梯。当基站有乘客使用电梯并起动后，自由梯即刻起动前往基站充当基梯待命。当有除基站外其他层站呼梯时，自由梯就近先行应答，并在运行过程中应答与其运行方向相同的所有呼梯信号。如果自由梯运行时出现与其运行方向相反的呼梯信号，则在基站待命的电梯起动前往应答。先完成应答任务的电梯就近返回基站或中间预先选定的层站待命。

⑥群控电梯：多台电梯共用厅外召唤按钮，适用于乘客流量大的高层建筑物中，把电梯分为若干组，每组有 4 ～ 6 台电梯，将几台电梯控制连在一起，分区域进行有程序

综合统一控制，对乘客需要电梯情况进行自动分析后，选派最适宜的电梯及时应答呼梯信号。

（4）升降电梯按驱动方式分为交流电梯（根据拖动方式又可分为交流单速、交流双速、交流调压调速、交流变压变频调速等）、直流电梯、液压电梯等。

（5）自动扶梯与自动人行道一般分为普通型和公共交通型两类，按使用场合还可以分为室内和室外两类。

三、曳引驱动电梯

曳引驱动电梯是一种依靠摩擦力驱动的电梯，一般包括四大空间、八大系统。其中，四大空间包括机房部分、井道部分、轿厢部分、层站部分，八大系统包括曳引系统、导向系统、轿厢系统、门系统、重量平衡系统、电力拖动系统、电气控制系统、安全保护系统。超速保护、缓冲器、门锁装置、终端超越保护装置和防止门夹人的保护装置等均属于电梯的安全保护装置

电梯基本组成可分为机械部分和电气部分，如图 5-4 所示。

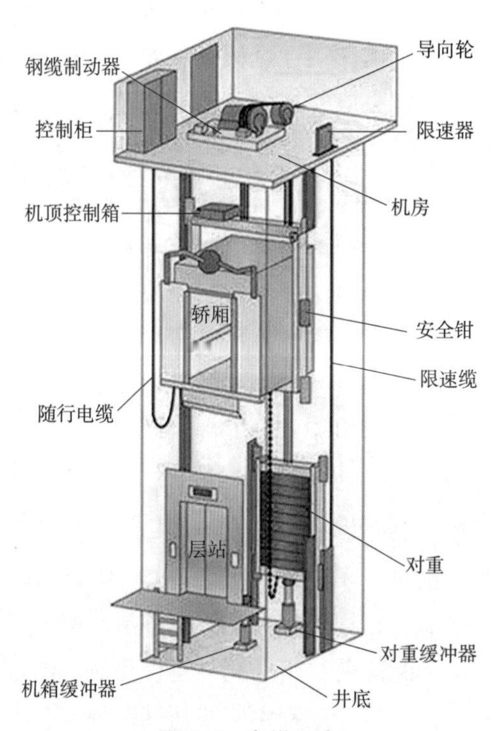

图 5-4 电梯组成

电梯从空间上可划分为：

机房部分——电源开关、控制柜、曳引系统、导向轮、限速器等。

井道部分——导轨、导轨支架、对重、缓冲器、限速器张紧装置、补偿链、随行电

缆、底坑、井道照明等。

轿厢部分——轿厢、轿厢门、安全钳装置、平层装置、安全窗、导靴、开门机、轿内操纵箱、指层灯、通信报警装置等。

层站部分——层门（厅门）、呼梯装置（召唤盒）、门锁装置、层站开关门装置、层楼显示装置等。

1. 机房部分

房间内装有电气照明，有的装有采暖、通风设备，房内安装卷扬机、限速器、操作盘（电磁站）、电动机械换流机、变压器和其他设备的房间称为机房。无机房的电梯一般都在顶层站井道内设置主机，控制装置也在相应位置紧凑设置。

电梯机房（控制间），一般设置在电梯井道顶部（机房上置式）。机房内主要设备包括曳引系统、电动机、制动器、减速器、曳引轮、曳引钢丝绳及端接装置等。

（1）曳引系统

曳引系统由曳引机、曳引钢丝绳、导向轮、反绳轮等组成。其中，曳引机是电梯轿厢升降的主拖动机械；曳引钢丝绳的两端分别连接轿厢和对重（或者两端固定在机房上），依靠钢丝绳与曳引轮绳槽之间的摩擦力来驱动轿厢升降；导向轮的作用为分开轿厢和对重的间距，采用复绕型时还可增加曳引能力。导向轮安装在曳引机架上或承重梁上。

（2）电动机

电梯用电动机的特征有：断续周期工作、频繁启动、正反转、较大的启动力矩、较硬的机械特性、较小的启动电流、良好的调速性能（对调速电机）。使用带可控硅整流的直流电动机是电梯发展的方向。

（3）制动器

制动器通常由制动电磁铁、制动臂、制动瓦块、制动弹簧等组成，属于安全装置，在正常断电或异常情况下均可实现停车。电梯一般采用常闭式双瓦块型直流电磁制动器，电磁制动器安装在电动机轴与蜗杆轴的连接处，其性能稳定、噪声小、制动可靠。制动器组成如图 5-5 所示。

电梯制动器的工作原理：电梯准备通电启动时，制动器上电松闸；当电梯停止运行，或电动机掉电时，制动器立即断电并靠弹簧力使制动器制动，曳引机停止运行并制停轿厢运行。

（4）减速器

对于有齿轮曳引机，在曳引电动机转轴和曳引轮转轴之间安装减速器（箱）。减速器可以将电动机轴输出的较高转速降低到曳引轮所需的较低转速，同时得到较大的曳引转矩，以适应电梯运行的要求。减速器按传动方式分为蜗轮蜗杆传动和斜齿轮传动。减速器外形如图 5-6 所示。

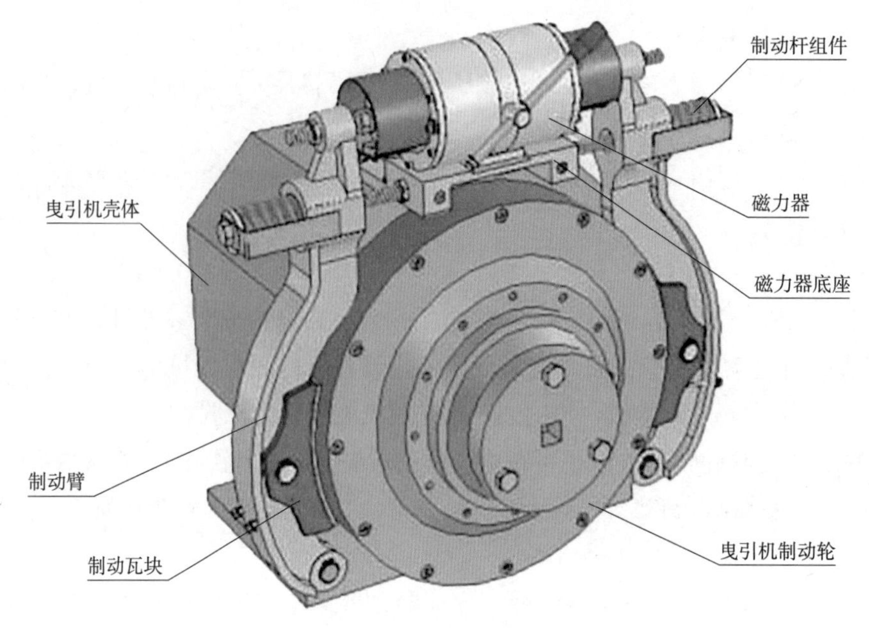

图 5-5 制动器组成

图 5-6 减速器外形

（5）曳引轮

嵌挂钢丝绳，绳两端分别与轿厢、对重连接。当曳引轮转动时，通过曳引绳和曳引轮之间的摩擦力（也叫曳引力），驱动轿厢和对重上下运动。有齿轮曳引轮通常安装在减速器中的蜗轮轴上；无齿轮曳引轮通常安装在制动器的旁侧，与电动机轴、制动器轴在同一轴线上。

为了减少曳引钢丝绳在曳引轮绳槽内的磨损，选择合适的绳槽槽形；对绳槽工作表面的粗糙度、硬度有相应的要求；通常曳引轮的直径是钢丝绳直径的40倍以上（图 5-7）。

图 5-7　曳引轮外形

（6）曳引钢丝绳及端接装置

钢丝是钢丝绳的基本强度单元，要求其具有很高的韧性和强度，通常由含碳量为0.5% ～ 0.8% 的优质碳钢制成。钢丝的质量根据韧性的高低，即耐弯次数的多少，可分为特级、Ⅰ级、Ⅱ级。电梯采用特级钢丝，其横截面如图 5-8 所示。

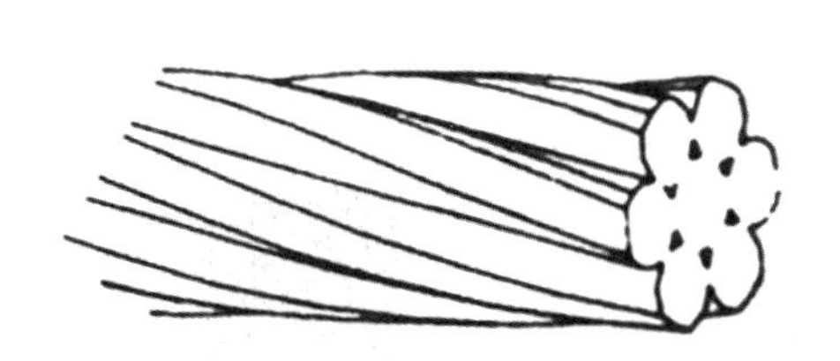

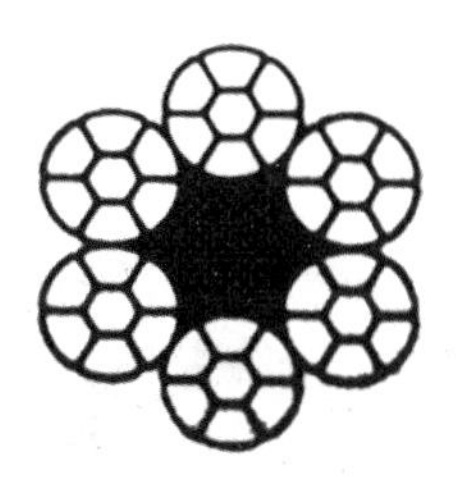

图 5-8　电梯钢丝绳横截面示意

绳股的数目有 6 股、8 股和 18 股之分，股数越多其疲劳强度就越高。电梯一般采用 6 股和 8 股钢丝绳。

绳芯是被绳股缠绕的挠性芯棒，起支承和固定绳股的作用，并储存润滑油。绳芯有纤维芯和金属芯两种，电梯曳引绳一般采用纤维芯。

电梯曳引钢丝绳承受着电梯全部悬挂质量，且反复弯曲承受很高的比压，还要频繁承受电梯起动和制动的冲击。因此，对电梯曳引钢丝绳的强度、耐磨性和挠性均有很高的要求。

（7）控制柜

电梯控制柜安装在曳引机旁边，是电梯的电气装置和信号控制中心。早期的电梯控制柜中有接触器、继电器、电容、电阻器、信号继电器、供电变压器及整流器等。目前，电梯控制柜大多由 PLC 和变频器组成或由全电脑板控制。

控制柜的电源由机房的总电源开关引入，电梯控制信号线由电线管或线槽引出，进入井道再由扁形或圆形随行电缆传输。由控制柜接触器引出的驱动电力线，用电线管送至曳引机的电动机接线端子。

（8）限速器—安全钳

电梯中限速器与安全钳成对出现和使用，是电梯中最重要的一道安全保护装置。轿厢下坠时，轿厢下降速度越高，限速器与安全钳拉住轿厢的劲就越大。

当电梯出现超载、打滑和断绳等情况使之失控时，电梯轿厢超过额定速度向下坠落，限速器与安全钳动作，将轿厢紧紧地卡在导轨之间。

电梯一般只在轿厢侧设置限速器与安全钳；当电梯底坑悬空，且下部空间需要利用时，对侧通常也需设置限速器与安全钳。

电梯所使用的安全钳形式可分为瞬时式和渐进式两种。瞬时式安全钳常使用在轿厢额定速度不大于 0.63 m/s 或对重速度不大于 1.0 m/s 的运行场合，渐进式安全钳常使用在轿厢额定速度大于 0.63 m/s 或对重速度大于 1.0 m/s 的运行场合。

（9）单向限速器（图 5-9）与双向限速器（图 5-10）

限速器—安全钳系统由限速器、限速钢丝绳、安全钳和底坑张紧装置组成。限速器安装在电梯机房的地面上；安全钳安装在轿厢两侧，贴近电梯导轨，它的联动装置设在轿顶；底坑张紧装置位于井道底坑内，固定在轿厢导轨背面，作用是张紧限速钢丝绳；限速钢丝绳两端分别绕过限速轮和底坑张紧轮，两个接头固定在轿厢侧面。

图 5-9 单向限速器

图 5-10 双向限速器

当轿厢运行时，通过限速钢丝绳带动限速轮旋转，当轿厢向下运行速度超过电梯额定速度的 115% 以上时，限速器上的电气开关先动作，切断电梯安全回路，曳引电动机和制动器的电源失电，制动器动作并抱闸；甩块或飞球所产生的离心力相应增大，使限速器机械开关触发并动作，楔块便卡住限速钢丝绳。由于轿厢仍会继续向下运行，将安全钳连动装置向上提起，将轿厢紧紧地卡在导轨之间。若设置对重安全钳，对重安全钳与轿厢安全钳工作原理一样。

2. 井道部分

轿厢和对重在其内沿着导轨移动的构筑物，称为井道。梯井中除导轨外还有钢丝绳张紧装置，缓冲器，工作钢丝绳、平衡钢丝绳，楼层电器，电气布线和软电缆等。

（1）导轨和导靴

导轨和导靴是电梯轿厢和对重的导向部分（图 5-11）。导轨是像轨道一样配置在梯井的全高，用以正确地引导轿厢和对重运动方向的重要构件。导轨长度一般为 3 ～ 5 m，不允许采用焊接和螺栓直接连接，需用专门的连接板连接；对导轨的材料、表面粗糙度、安装精度都有较高要求，导轨通常分为 T 形、L 形（低速）、槽形和其他类型。

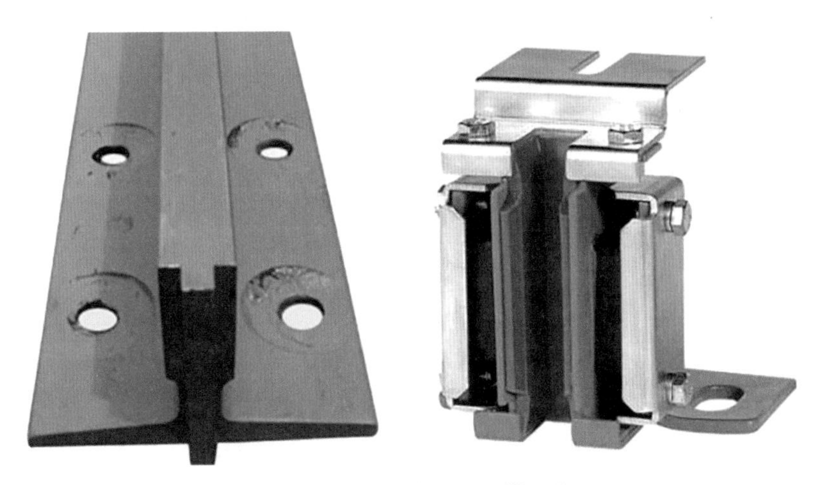

图 5-11　导轨（左）和导靴（右）

导靴的凹形槽与导轨的凸形工作面配合，使轿厢或对重沿着导轨上下移动实现导向功能。通常，导靴与导轨间存在摩擦。

电梯轿厢导靴被安装在轿厢上梁和底部安全钳座的下面与导轨接触处，每台电梯的轿厢共安装 4 套导靴。对重导靴安装在上、下横梁两侧端部，每台电梯的对重侧安装 4 套导靴。

（2）缓冲器

缓冲器是电梯最后一道保护装置（图 5-12）。将运动着的轿厢和对重在一定的缓冲行程或时间内减速停止。通常，2 t 以上电梯轿厢下装 2 个缓冲器，2 t 以下电梯轿厢下装 1 个缓冲器；对重侧一般只配 1 个缓冲器。

缓冲器安装在电梯的井道底坑内，位于轿厢和对重的正下方。当电梯在向上或向下运动过程中，由于钢丝绳断裂、曳引摩擦力不足、抱闸制动力不足或者控制系统失灵而超越终端层站底层或顶层时，将由缓冲器起缓冲作用，以避免电梯轿厢或对重直接撞底或冲顶，保护乘客和设备的安全。

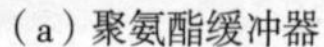

（a）聚氨酯缓冲器

（b）液压缓冲器

图 5-12 缓冲器

（3）随行电缆

轿厢内外所有电气开关、照明、信号控制线等都要与机房控制柜连接，轿内按钮也要与机房控制柜连接，所有信号的信息传输都需要通过电梯随行电缆。随行电缆在轿厢底部固定牢靠并接入轿厢。

（4）补偿装置

当电梯提升高度超过 30 m 以上时，悬挂在曳引轮两侧的曳引钢丝绳质量不能忽略不计。为了减小曳引机的输出功率，就要抵消曳引钢丝绳质量对电梯运行的影响，采取在轿厢底部和对重底部加装补偿装置的方法。

曳引驱动电梯通常设置对重是为了平衡轿厢重力，减小电梯曳引机的输出功率，减小曳引轮与钢丝绳之间的摩擦曳引力，延长钢丝绳寿命。

（5）减速开关、限位开关和极限开关

为防止“冲顶”“蹲底”现象，在井道中常设置减速开关、限位开关和极限开关。

①减速开关（强迫减速开关）：安装在电梯井道内顶层和底层附近，通常称为第一道安全防线。

②限位开关（端站限位开关）：电梯同样有上、下限位开关各 1 个，安装在上下减速开关的后面。上限位开关动作后，如下面层楼有召唤，电梯能下行；下限位开关动作后，如上面楼召唤，电梯也能上行。

③极限开关（终端极限开关）：电梯安全保护装置中最后一道电气安全保护装置，有机械式和电气式两种。机械式常用于慢速载货电梯，是非自动复位的；电气式常用于载客电梯中，该开关动作后电梯不能再启动，排除故障后在电梯机房将此开关短路，慢车离开此位置之后才能使电梯恢复运行。

3. 轿厢部分

如图 5-13 所示，轿厢由轿厢架、轿厢壁、轿厢底、轿厢顶、轿门组成。轿厢高度一般不小于 2 m，宽度和深度由实际载重量而定。国标规定，载客电梯轿厢额定载重量约 350 kg/m^2（其他电梯有不同规定），轿厢载客人数按每人 75 kg 计算。对于杂物电梯，每一格净高应小于 1.2 m，防止人员进入。

（a）升降电梯轿厢　　（b）杂物电梯轿厢

图 5-13　电梯轿厢

（1）轿厢操纵箱

在轿厢内的轿门旁设置有轿厢操纵箱，供乘客操作电梯使用。操纵箱上装有供乘客使用的对讲机、紧急救援开关—警铃按钮、开关门按钮、楼层按钮等；操纵箱下面带钥匙锁控制盒内有供专业技术人员使用的检修上或下行点功按钮、直驶按钮、风扇电源开关、照明电源开关、司机 / 自动开关、检修 / 自动开关、停止开关和独立运行开关等。

（2）自动开门机

自动开门机装在轿厢靠近轿门处，由电动机通过减速装置（齿轮传动、蜗轮传动或带齿胶带传动）带动曲柄摇杆机构开、关轿门，再由轿门带动层门开关。

轿门是主动门，而层门则是到站后通过轿门上的开门刀插入该层门门锁内，使门联锁首先断开电气开关，然后将层门一起联动着打开或关闭，属于被动门。

（3）平层感应装置

当电梯轿厢按轿内或轿外指令运行到站进入平层区时，平层隔磁（或隔光）板即插入感应器中，切断干簧管感应器磁回路（或遮挡电子光电感应器红外线光线），接通或断开有关控制电路，控制电梯自动平层。平层感应装置安装在轿顶上，平层隔磁（隔光）板安装在每层站平层位置附近井道壁上。

（4）超载与称载装置

为防止电梯发生超载事件，确保电梯运行安全；当轿厢载员达到额定载荷的 110%

时，称重机构动作，切断电梯控制电路使电梯不关门、不运行；同时点亮超载信号灯或超载蜂鸣器报警。在电梯超载报警的情况下继续装运，可能导致电梯发生蹲底事故。

常用超载装置有以下 3 种类型：

①轿底式称重装置：分为活动轿底式（轿厢体与轿底分离，称重装置被设在轿底与轿厢架之间）、活动轿厢式称载装置（用 6 ～ 8 个均匀分布在轿底框上的橡胶块作称重元件）。

②轿顶式称重装置：以曳引钢丝绳绳头上的弹簧组作为称重传感元件或有 4 个橡胶块均匀安装在轿厢梁下面。

③机房称重式称重装置：一般用于载货电梯。

4. 层站部分

（1）层门

层门是指电梯在各楼层的停靠站，也是供乘客或货物进出电梯轿厢通向各层大厅的出口。层门由门框、门板、门头架、吊门滚轮、层门地坎、门联锁几部分组成，按电梯开关门的方向分为：中分式、折叠中分式、旁开式等。

电梯层门上的门联锁是电梯中最重要的安全部件之一，是带有电气触点的机械门锁。

电梯层门地坎里的杂物清理不及时，可能导致电梯频繁故障。

（2）层楼显示器

在电梯层门上方或门框侧面与外呼按钮一起都安装有层楼显示器。通常分为如下几类：

①分离式显示器：以电梯达 6 层时为例，显示器的 6 号灯泡会被点亮。该方法常被用于旧式电梯，现已基本被淘汰。

②七段码显示器：现代电梯中最普及的一种。它由七段显示笔划组成一个数字位。其每一划可由氖泡、发光二极管或阴极管点亮。

③发光管点阵显示器：采用 LED 点阵显示模块，不仅显示数字，也可以显示汉字。

④荧屏显示器：比较清晰直观地显示。

（3）层站呼梯按钮

层站呼梯按钮供电梯乘客发送上行或下行呼梯指令用。

（4）门入口的安全保护装置

动力驱动的水平滑动门应当设置防止门夹人的保护装置，当人员通过层门入口被正在关闭的门扇撞击或者将被撞击时，该装置应当自动使门重新开启。

门入口保护装置通常分为：接触式保护装置、光电式保护装置（非接触式）、电磁感应式保护装置（非接触式）、超声波监控装置（非接触式）和红外线光幕式保护装置（非接触式）等。

四、自动扶梯与自动人行道

自动扶梯与自动人行道一般指带有循环运动梯路向上或向下倾斜输送乘客的固定的电力设备，且必须符合《自动扶梯和自动人行道的制造与安装安全规范》GB 16899最新版本的要求。

1. 设备构造及原理

（1）种类

自动扶梯（图 5-14）和自动人行道的种类主要是按照运送乘客的载体形式来区分，有踏板式自动扶梯、踏板式自动人行道以及胶带式自动人行道。自动扶梯倾斜角一般不大于 35°，自动人行道倾斜角一般不大于 12°。

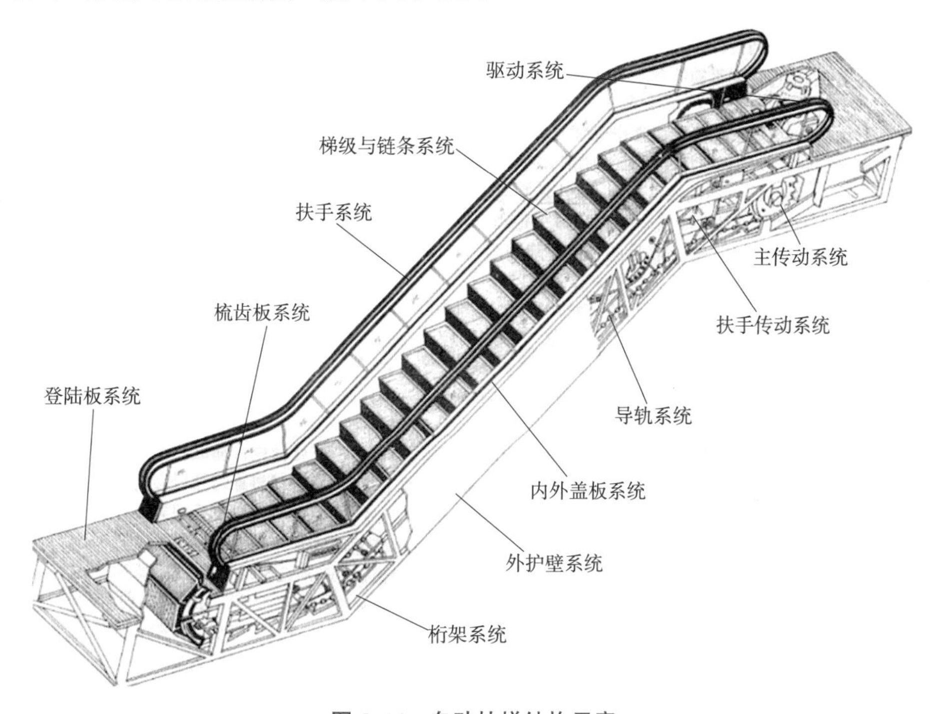

图 5-14　自动扶梯结构示意

踏板式自动扶梯或自动人行道与胶带式自动人行道的踏面形式不同，踏板式是指乘客站立的踏面为金属或其他材料制作的表面带齿槽的板块，胶带式是指乘客站立的踏面为表面覆有橡胶层的连续钢带。胶带式自动人行道运行平稳，但制造和使用成本较高，适用于长距离、速度较高的自动人行道。目前多见的是踏板式自动人行道。

（2）形式

①按载重形式划分：重载型和普通型。

②按结构形式划分：直线型和曲线型。

③按牵引方式划分：链条式和齿条式。

④按安装场所划分：户内式和户外式。

⑤按驱动装置布置位置划分：端部驱动和中间驱动。

⑥按运行速度划分：定速和变速。

（3）组成

①按结构型式划分：由上驱动端站、倾斜段和下回转端站（下胀紧段）组成。

②按系统划分：

a. 桁架系统：由上弦杆、腹杆、横梁、下弦杆和底板组成。

b. 梯路系统：由梯级、牵引链条及链轮组成。

c. 动力系统：由电动机、减速装置、制动器及中间传动环节等组成。

d. 梯路张紧装置：由鱼形板及张紧弹簧等组成。

e. 扶手系统：由扶手带、导向装置、驱动装置、张紧装置、护壁板、围裙板、内盖板以及外盖板和围板等组成。

f. 梳齿板系统：由梳齿、梳齿板以及支架组成。

g. 电气系统：由拖动及控制系统组成。

h. 安全保护系统：由电气安全装置、含有电子回路的安全电路及含电子元件和（或）可编程电子系统的安全电路组成。

（4）规格及参数

①型号：用来区别适用的场所以及最大的提升高度。

②倾斜角：根据建筑物预留空间来选择，由跨距和提升高度的综合数据进行确定。

③梯级宽度：根据使用场所预留空间尺寸以及流量确认。

④扶手类型：按照扶梯的用途进行选择。

⑤提升高度 / 长度：根据建筑物预留空间来选择，由跨距和倾斜角度的综合数据进行确定。自动扶梯或自动人行道的提升高度是进出口两楼层板之间的垂直距离。

⑥速度：根据提升高度以及使用场所的流量选择。

⑦适用范围：对提升高度以及场所进行限制。

2. 重载型、公共交通型与普通型的区分

GB 16899 中对公共交通型自动扶梯进行了定义：公共交通型自动扶梯是公共交通系统包括出入口的组成部分；属高强度的使用，即每周运行时间约 140 h，且在任何 3 h 的间隔内，其载荷达 100% 制动载荷的持续时间不少于 0.5 h。

由定义可知，公共交通型自动扶梯与普通型不同，因属高强度的使用，从结构上要求必须是重载型扶梯，否则无法满足使用。由此可以得出，严格意义上的公共交通型自动扶梯均属于重载型扶梯，公共交通场所应优先配置重载型扶梯。

我国标准只有公共交通型自动扶梯的定义而并没有重载型扶梯的定义。重载型扶梯一般是应用在地铁项目之中，即地铁建设的相关标准对公共交通型自动扶梯提出了进一步的要求。其要求主要表现在：

（1）支撑结构设计：GB 16899 规定，公共交通型金属结构最大扰度不应大于支承距离的 1/1 000，而国际和国内一些著名地铁多采用的扰度为 1/2 000 ～ 1/1 500。

（2）梯级驱动链：GB 16899 规定，每根链条的安全系数不应小于 5。该要求是对所有型式自动扶梯的要求，并没有对公共交通型提出特殊要求，而国内一些地铁扶梯梯级驱动链的安全系数多采用 8。

（3）电动机功率：GB 16899 规定，公共交通型自动扶梯使用条件是在 3 h 的时间内，持续重载（载荷达 100% 制动载荷）的时间不少于 0.5 h。对于地铁中使用的重载型自动扶梯，需要考虑在 3 h 的时间内，持续重载（载荷达 100% 制动载荷）的时间不少于 1 h，因此其电动机的功率配置应高于一般公共交通型的自动扶梯。足够的电动机功率配置不仅能保证高峰期客流时动力需要，还能保证电动机的工作寿命。

（4）扶手装置：GB 16899 标准并未对公共交通型自动扶梯的扶手装置中的护壁板作出要求，也就是说采用玻璃或不锈钢板都是被允许的，但对于重载型自动扶梯，其扶手装置只能采用不锈钢材质的护壁板。

3. 设备系统

（1）金属结构

①型式

金属结构是一种开口式的桁架结构，如图 5-15 所示，其制造所使用的材料主要有热轧角钢和冷弯方钢两种，采用焊接的方法制造。

图 5-15　桁架

②组成

a. 支承梁：用于搭接在建筑物承重梁预留的钢板上固定桁架的角钢，支承角钢与钢板之间垫有防震橡胶垫。

b. 立柱：在桁架上下两端部，与支承角钢、上弦杆、下弦杆通过连接板焊接连接，形成整体结构。通常采用与弦杆同规格的材料。

c. 上弦杆和下弦杆：由上段、中间段、下段弦杆组成。

d. 垂直支撑：垂直连接上弦杆、下弦杆的支撑。其材料有槽钢和角钢，在上、下段使用槽钢，在中间段使用角钢。

e. 斜拉支撑：倾斜连接上弦杆、下弦杆的支撑。其材料使用槽钢，只是中间段的斜拉支撑规格要小于上、下段的规格。

f. 腹杆：用于连接左、右下弦杆，通常采用扁钢。

g. 横梁：在桁架中间连接左右垂直支撑，用于安装各种导轨的支架。其材料采用 6 号槽钢。

h. 底板：用于封闭左、右下弦杆之间，采用钢板管。

（2）导轨系统

①组成

自动扶梯的导轨系统通常由上部导轨、倾斜段导轨以及下部导轨组成。

a. 上部导轨：由鱼形板组合和切线导轨组成，并且预先与驱动链轮装配在一起，作为一个组合安装在桁架里。

b. 倾斜段导轨：由金属型材制成，导轨位置由导轨装配工装确定。其主要由主轨、副轨、返轨和防跳轨等组成。

c. 下部导轨：由下鱼形板组合和切线导轨组成，它预先跟链张紧装置装配在一起，作为一个组合件安装到桁架里。

②作用与要求

用于支承由梯级主轮和辅轮传递来的载荷，保证梯级按照一定的规律运动以防止其偏离、跳动等。

要求导轨需要满足设计的各项尺寸精度要求，还应具有光滑、平整、耐磨的工作表面。

（3）驱动装置

①作用与组成

驱动装置是自动扶梯的动力源。它通过主驱动链，将主机旋转提供的动力传递给驱动主轴，由驱动主轴带动梯级链轮以及扶手链轮，从而带动梯级以及扶手的运行。一般由电动机、减速器、制动器、传动链条及驱动主轴和回转主轴等组成。

②形式

按照驱动装置所在自动扶梯的位置可分为分离机房驱动装置、端部驱动装置和中间驱动装置三种。

端部驱动装置多以牵引链条为牵引件，称链条式扶梯。这种驱动装置安装在自动扶梯金属结构的上端部，称该端部为机房。对于一些大提升高度或者有特殊要求时，驱动装置安装在自动扶梯金属结构之外的建筑物上，称其为分离机房驱动装置。驱动装置安装在自动扶梯中部的称作中间驱动装置，该驱动装置不需要设置机房，以牵引齿条为牵引件，又称为齿条式自动扶梯。

③构成部件

a. 驱动主机：驱动装置有立式和卧式两种。

b. 上部驱动总成：由鱼形板、驱动链轮、驱动轴、梯级链轮以及扶手驱动装置组成。其作用是将驱动主机输出的力矩通过总成传递给梯级及扶手带。

c. 下部驱动总成：由鱼形板、回转链轮、张紧装置组成。其作用是将驱动系统形成回路。

d. 驱动链条：用于连接驱动主机与梯级链轮的装置。其作用是将电动机提供的动力传递给带动梯级运转的梯级链轮，使梯级循环运行。

e. 制动器：常见的制动器主要有块式制动器、带式制动器以及盘式制动器。

（4）梯级系统

①梯级

结构形式：梯级的结构属于一种特殊形式的四轮小车，有两只主轮和两只辅轮。通过牵引链条与主轮的轮轴铰接而带动梯级沿设置的轨道运行，而辅轮支承梯级上的乘客，也沿着设置的轨道运行，通过轨道的设计，使自动扶梯上分支的梯级保持水平，而在下分支中将梯级悬挂。

常见的梯级主要由两种方式制作而成，一种是采用铝合金整体压铸而成的整体式梯级，另一种是采用不锈钢加工的部件拼装而成的分体式梯级。

②牵引链条（齿条）

结构形式：牵引链条一般为套筒滚子链，由链片、销轴和套筒等组成。

按连接方式区分，牵引链条分为可拆式和不可拆式两种。可拆式牵引链条在任何环节都可以分拆而无损于链条及其零部件的完整性；不可拆式牵引链条仅在一定数目的环节处，也就是在一定的分段长度处可以拆装，其目的是供安装和维修方便。目前一般采用不可拆的结构，因为这种结构具有较高的可靠性且安装方便。

按照梯级主轮的安装位置区分，有置于牵引链轮内侧和外侧的形式，也有置于牵引链条的两个链片之间的形式。

③梯级的导向

a. 自动扶梯梯级的导向：梯级驱动轴每根轴上安装有 2 个卡子，用来安装梯级。梯级主轮和辅轮沿各自的导轨在链条的带动下带动梯级的运行。

b. 自动人行道踏板的导向：踏板两端用螺栓固定在驱动链条上，并由链条带领运行。

（5）扶手装置

①结构形式

扶手装置常见的类型有：E 型（苗条型 / 轻型）、F 型（加固型）和 I 型（重型）。

②组成

扶手装置主要由扶手驱动系统、扶手导向系统、扶手带和栏杆组成。

（6）梳齿板

梳齿板主要由支撑板、梳齿板和梳齿组成。

（7）润滑装置

润滑是自动扶梯保养的一项重要的工作，也是保持自动扶梯良好运行状态的重要条件。自动扶梯配备有两种润滑装置，一种是普通润滑装置，它依靠重力作用进行滴油润滑，油量大小通过电磁阀来调节；另一种是中央润滑系统，它通过电气控制系统调节油泵、电磁阀，来达到控制油量大小和加油时间的目的。

（8）电气设备

①电动机

自动扶梯驱动主机常用以下两种类型电动机：

a. 三相异步感应电动机

异步电动机配涡轮副减速箱：其主要特征是三相异步电动机配涡轮蜗杆形式的减速箱。该形式目前普遍使用。

异步电动机配其他形式的减速箱：其主要特征是三相异步电动机配其他形式的减速箱，例如斜齿轮、伞齿轮和行星齿轮等。这种结构形式主要用于公共交通型自动扶梯等需要大转矩输出的自动扶梯。

上述类型均采用三相异步感应电动机，普遍存在低负荷条件下运行效率偏低的问题，而自动扶梯本身就是一种使用效率较低的运载工具，其大部分时间都运行在低负荷条件下。

b. 永磁同步电动机

永磁同步电动机应用在自动扶梯驱动主机上的产品已经开始使用，其方案为永磁同步电动机和减速箱组成驱动主机，采用上述方案的驱动主机，改善了采用异步电动机驱动主机存在的低负荷条件下电动机的效率、功率因数较低的弊端，同时保留了传统驱动主机的运行平稳、噪声低、维护方便等优点，并且主机的驱动控制方式也由传统的电源直接驱动控制改为变频器驱动控制。

②主开关

GB 16899 标准对自动扶梯的电气主开关的设置有如下规定：

a. 在驱动主机附近，转向站中或控制装置旁，应装设一只能切断电动机、制动器释放装置和控制电路电源的主开关，该开关应不能切断电源插座或检修和维修所必需的照明电路的电源。当辅助设备如暖气装置、扶手照明和梳齿板照明是分开单独供电时，则应能单独地切断。各相应开关应位于主开关近旁并有明显的标志。

b. 用挂锁或其他等效方式将主开关锁住或使它处于“隔离”位置，以保证不产生由于其他因素造成意外动作。主开关的控制机构应在打开门或活板门后能迅速而容易地操纵。

c. 主开关应有切断自动扶梯或自动人行道在正常使用情况下最大电源的能力。

d. 若几台自动扶梯或自动人行道的各主开关设置在一个机房内，则各台自动扶梯或自动人行道主开关应易于识别。

（9）电气控制系统

①电气控制形式

常见的电气控制系统有继电器控制系统、电子式控制系统、PC 式控制系统以及单片机控制系统。

②组成

控制系统电路由主电路、控制电路、保护电路以及控制电源与照明电路组成。

（10）安全保护装置

①梯级断链保护装置

GB 16899 规定了梯级断链保护开关动作的条件，并且规定其结构必须是安全触点型或者是安全电路。

梯级链安全装置是指安装在自动扶梯回转机舱内的梯级链张紧装置中的电气开关，每侧梯级链张紧装置中均安装有一个开关，当梯级链断掉或过于松弛时，在张紧弹簧的作用下，张紧装置会往前、后移动而断开梯级链安全开关，从而切断自动扶梯的控制电源，使自动扶梯停止运行。该开关需要在排除故障后手动复位。

②梳齿板开关

GB 16899 规定：对于自动扶梯和踏板式自动人行道的梳齿板应具有适当的刚度，并应设计成当有异物卡入时，其梳齿在变形或断裂的情况下，仍能保持与梯级或踏板正常啮合。如果卡入异物后并不是上述所述的状态，且产生损坏梯级、踏板、胶带或梳齿板支撑结构的危险时，自动扶梯或自动人行道应停止运行。

由标准规定可知，设置梳齿板开关的目的是保证卡入的异物不会对梯级、踏板、胶带或梳齿板支撑结构造成破坏，如果不会造成破坏则可以不需要设置该开关。而设置的开关必须满足安全触点或者安全电路的要求。

在上下梳齿板两侧端各装有一个梳齿板安全开关，一旦梯级与梳齿相啮合处有硬物卡住时，将使梳齿板向后或向上移动，从而断开梳齿板安全开关，使自动扶梯停止运行。

③扶手带出入口保护开关

GB 16899 规定：在扶手转向端的扶手带入口处应设手指和手的保护装置，并应装设一个符合安全装置规定的开关。

由标准规定可知，设置出入口保护开关的目的就是防止人的手或手指被扶手带带入裙板内而造成伤害。该条款并不只是保护乘客，同时也保护在自动扶梯四周玩耍的儿童。为此该保护开关应该满足安全触点或者安全电路的要求。

④梯级下陷保护开关

GB 16899 规定：梯级或踏板的任何部分下陷将导致在出入口处与梳齿板的啮合不再有保证，当下陷的梯级或踏板运行到梳齿板相交线足够长的距离时开关应断开，以保证下陷的梯级或踏板不能到达梳齿相交线（按规定的制停距离）。

控制装置可适用于梯级或踏板下边任何点的下陷，本条不适用于胶带式自动人行道。设置梯级下陷保护开关的目的就是保证梯级与梳齿板之间的正常啮合尺寸，由此确保乘客的脚、裤子等不会被梯级与梳齿板之间发生变化的间隙所夹持。

对于开关，标准规定了设置的位置以及检测的范围。安装的位置应该是下陷的梯级在自动扶梯停止下来后仍处在梳齿板相交处的外面，即不能到达相交线处。并且还规定了梯级任何部位的下陷都应该能被检测到。而且，开关应该满足安全触点或者安全电路的要求。

⑤超速、逆转监测装置

GB 16899 规定：自动扶梯和自动人行道应配置速度限制装置，使其在速度超过额定速度 1.2 倍之前自动停车。为此，所用的速度限制装置最迟在速度超过额定速度 1.2 倍时，能切断自动扶梯或自动人行道的电源。

GB 16899 规定：自动扶梯和倾斜式自动人行道应设置一个装置，使其在梯级、踏板或胶带改变规定运行方向时，自动停止运行。

超速常常发生在满载下行时，速度的加大可能会造成乘客在达到下出口后不能及时离开，而造成人员堆积的情况，由此可能引发挤压和踩踏事故发生。而逆转一般是发生在正常满载上行时，梯级突发改变方向而向下溜车，其造成的后果也是乘客在达到下出口后不能及时离开而造成人员堆积，由此引发挤压和踩踏事故发生。

对于自动扶梯的超速或者逆转的监测，各厂家采用的方式不同，设置监控装置的目的就是保证当梯级超速运行时或者发生逆转时立即停止运行，从而保证乘客的安全。因为标准对监控装置进行了规定，因此采用的监控装置应该满足安全触点或者安全电路的要求。

⑥梯级缺失监测装置

GB 16899 规定：自动扶梯和自动人行道应能通过装设在驱动站和转向站的装置检测梯级或踏板的缺失，并应在缺口到达梳齿相交线之前停止。

设置该装置的目的就是保证工作分支所有的踏面是连续的，不能出现导致人员下陷的空洞，防止空洞对人造成伤害。

⑦驱动链断链保护开关

GB 16899 规定：所有传动元件的尺寸都进行精度计算，链条传动带和三角带的安全系数不应小于 5；若采用三角传动皮带，不应少于 3 根。

因为标准对于驱动链进行了明确的规定，可以认为满足了上述要求的驱动链本质是安全的。采用两根或两根以上的单根链条实际上是一种冗余的设计，基本不存在两根链条同时断掉的风险，因此不需要考虑断链的风险。一些制造厂家在进行风险评估后，针对遗留风险，采取了进一步降低风险的防护措施——在驱动链上设置了电气开关，当发生断链情况时，能立即停止自动扶梯的运行。既然国家标准对驱动链断链保护开关没有提出强制要求，因此对于其开关也不需要满足安全触点或安全电路的要求。

⑧紧急制动开关

GB 16899 规定：紧急制动装置应设置在位于自动扶梯或自动人行道出入口附近、明显而易于接近的位置。紧急制动开关之间的距离应符合以下规定：自动扶梯，不应大于 30 m；自动人行道，不应大于 40 m。为保证上述距离要求，必要时应设置附加紧急制动开关。紧急制动装置应为符合规定的安全触点。

上述要求规定了紧急制动开关的安装位置以及之间的距离，其目的就是保证当发生紧急情况时，能够方便、快捷地操作，使自动扶梯停止运行，避免造成事故的发生。

⑨附加制动器

在下列任何一种情况下，自动扶梯和倾斜式自动人行道应设置一只或多只附加制动器，该制动器直接作用于梯级、踏板或胶带驱动系统的非摩擦元件上（单根链条不能认为是一个非摩擦元件）：

a. 工作制动器和梯级、踏板或胶带驱动轮之间不是用轴、齿轮、多排链条、两根或两根以上的单排链条连接的。

b. 工作制动器不是符合 GB 16899 规定的机—电式制动器。

c. 提升高度超过 6 m。

附加制动器与梯级驱动装置之间应用轴、齿轮、多排链条或多根单排链条连接。不允许用摩擦元件构成的连接。

第二节　电梯使用安全管理

使用单位应当加强对电梯的安全管理，严格执行特种设备安全技术规范（以下简称安全技术规范）的规定，对电梯的使用安全负责。

使用单位应当购置符合安全技术规范的电梯，保证电梯安全运行所必需的投入，严禁购置国家明令淘汰的产品。

一、使用管理基本知识

1. 使用单位定义

《电梯维护保养规则》TSG T5002—2017 规定：使用单位，是指具有特种设备使用管理权的单位或者具有完全民事行为能力的自然人，一般是特种设备的产权单位（产权所有人，下同），也可以是产权单位通过符合法律规定的合同关系确立的特种设备实际使用管理者。特种设备属于共有的，共有人可以委托物业服务单位或者其他管理人管理特种设备，受托人是使用单位；共有人未委托的，实际管理人是使用单位；没有实际管理人的，共有人是使用单位。特种设备用于出租的，出租期间，出租单位是使用单位；法律另有规定或者当事人合同约定的，从其规定或者约定。新安装未移交业主的电梯，项目建设单位是使用单位，委托物业服务单位管理的电梯，物业服务单位是使用单位；产权单位自行管理的电梯，产权单位是使用单位。

2. 使用单位主要义务

（1）建立并且有效实施电梯安全管理制度和高耗能特种设备节能管理制度，以及操作规程。

（2）采购、使用取得许可生产（含设计、制造、安装、改造、修理）并且经检验合格的特种设备，不得采购超过设计使用年限的电梯，禁止使用国家明令淘汰和已经报废的特种设备。

（3）设置电梯安全管理机构，配备相应的安全管理人员和作业人员，建立人员管理台账，开展安全与节能培训教育，保存人员培训记录。

（4）办理使用登记，领取特种设备使用登记证，设备注销时交回使用登记证。

（5）建立特种设备台账及技术档案。

（6）对特种设备作业人员作业情况进行检查，及时纠正违章作业行为。

（7）对在用电梯进行经常性维护保养和定期自行检查，及时排查和消除事故隐患，对在用特种设备的安全附件、安全保护装置及其附属仪器仪表进行定期校验（检定、校准）、检修，及时提出定期检验和能效测试申请，接受定期检验和能效测试，并且做好相关配合工作。

（8）制定电梯事故应急专项预案，定期进行应急演练；发生事故及时上报，配合事故调查处理等。

（9）保证电梯安全、节能必要的投入。

（10）法律、法规规定的其他义务。

3. 电梯使用单位安全管理制度内容要求

使用单位应当根据本单位实际情况，建立以岗位责任制为核心的电梯使用和运营安全管理制度，并且严格执行。安全管理制度至少包括以下内容：

（1）相关人员的职责。

（2）安全操作规程。

（3）日常检查制度。

（4）维保制度。

（5）定期报检制度。

（6）电梯钥匙使用管理制度。

（7）作业人员与相关运营服务人员的培训考核制度。

（8）意外事件或者事故的应急救援预案与应急救援演习制度。

（9）安全技术档案管理制度。

4. 电梯使用单位须设置专门的安全管理机构的要求

（1）使用单位为公众提供运营服务的，或者在公众聚集场所使用30台以上（含30台）电梯的。

（2）使用特种设备（不含气瓶）总量50台以上（含50台）的。

5. 电梯使用单位人员资质要求

（1）安全管理负责人（需设置安全管理机构的，要取证）。

（2）各类特种设备总量20台以上，须配备专职安全管理员，并取证。

（3）电梯使用数量在20台以下，可以配备兼职电梯安全管理员，也可委托具有特种设备安全管理人员资格的人员负责电梯使用管理，但是特种设备安全使用的责任主体仍然是使用单位。

（4）医院病床电梯、直接用于旅游观光的额定速度大于2.5 m/s的乘客电梯以及需要司机操作的电梯，应当由持有相应特种设备安全管理和作业人员证的人员操作。

6. 电梯技术档案要求

逐台建立电梯技术档案，在使用地保存，技术档案至少包括以下内容：

（1）使用登记证。

（2）特种设备使用登记表。

（3）设计、制造技术文件和资料，监检证书。

（4）安装、改造和维修的方案、图样、材料质量证明书和施工质量证明文件等技术资料，监检报告。

（5）定期自行检查记录（年度检查）、定期检验报告。

（6）日常使用状况记录。

（7）维护保养记录。

（8）安全附件校验、检修和更换记录、报告。

（9）有关运行故障、事故记录和处理报告。

7. 电梯使用登记和变更

电梯在投入使用前或者投入使用后30日内，使用单位应当向特种设备所在地的直辖市或者设区的市的特种设备安全监管部门申请办理使用登记；国家明令淘汰或者已经报废的电梯、不符合安全性能或者能效指标要求的电梯，不予办理使用登记。

使用单位申请办理特种设备使用登记时，应当向登记机关提交以下相应资料，并且对其真实性负责：

（1）使用登记表（一式两份）。

（2）含有使用单位统一社会信用代码的证明。

（3）监督检验、定期检验证明。

按台（套）登记的特种设备改造、移装、变更使用单位或者使用单位更名、达到设计使用年限继续使用的，按单位登记的电梯变更使用单位或者使用单位更名的，相关单位应当向登记机关申请变更登记。

8. 电梯停用与报废

电梯拟停用 1 年以上的，使用单位应当采取有效的保护措施，并且设置停用标志，在停用后 30 日内填写特种设备停用 / 报废 / 注销登记表，告知登记机关。重新启用时，使用单位应当进行自行检查，到使用登记机关办理启用手续；超过定期检验有效期的，应当按照定期检验的有关要求进行检验。

对存在严重事故隐患，无改造、修理价值的电梯，或者达到安全技术规范规定的报废期限的，应当及时予以报废，产权单位应当采取必要措施消除该电梯的使用功能。电梯报废时，按台（套）登记的电梯应当办理报废手续，填写特种设备停用 / 报废 / 注销登记表，向登记机关办理报废手续，并且将使用登记证交回登记机关。

9. 使用单位的安全管理人员应当履行下列职责：

（1）进行电梯运行的日常巡视，记录电梯日常使用状况。

（2）制定和落实电梯的定期检验计划。

（3）检查电梯安全注意事项和警示标志，确保齐全清晰。

（4）妥善保管电梯钥匙及其安全提示牌。

（5）发现电梯运行事故隐患需要停止使用的，有权作出停止使用的决定，并且立即报告本单位负责人。

（6）接到故障报警后，立即赶赴现场，组织电梯维修作业人员实施救援。

（7）实施对电梯安装、改造、维修和维保工作的监督，对维保单位的维保记录签字确认。

二、电梯使用管理制度介绍

（一）档案管理制度要求

1. 档案要求：目录条理分类清楚，档案存放有序，有专门存放地点和管理人员，内容丰富，有价值。

2. 档案管理科学规范，细致全面

档案管理原则：根据档案形式和内容，注重档案间的横向联系（同一时间的联系）和纵向联系（同一部门按时间顺序排列的参照对比）。

3. 档案管理方法

（1）有统一的分类标准，将文件分门别类。

（2）采用目录制，即总目录、分目录、文件名、编号。

（3）目录须能按照文件编号、作者梗概、制定日期及文件分邮或更改。

（4）案卷内任何文件都须有封皮、名称和编号。

（5）可设专档，如人才档案、特色活动档案、各级来文等。

（6）各部门档案必备。

4. 档案管理具体实施方案

（1）本部门组织机构及人员档案，部门按部申请。

（2）本部年度工作计划。

（3）本部自定的具体考核条例及考核结果存底。

（4）本部阶段性工作汇报及工作总结。

（5）大型活动计划，具体实施方案总结等。

（6）办公室制定的各项规章制度。

（二）电梯机房管理制度

1. 机房应设固定照明，备有足够的干粉灭火器。

2. 机房保持清洁干燥，原则上不安装水、气类供暖设施。

3. 机房应有良好的通风，室内温度应保持在 5 ～ 40 ℃（对微机控制的电梯尤为重要）。

4. 机房内除必备的工具、设施外，不得堆放其他杂物。

5. 机房及井道的照明电源应与控制线路分别敷设。

6. 机房地面应铺绝缘材料。

7. 电梯长期不使用时，应将机房总电源断开。

8. 机房应配有门锁，只允许检修人员值班，其他人员禁止入内。

（三）电梯维护保养制度

1. 为了确保电梯正常安全运行，延长使用寿命，必须对电梯进行日常和定期的维护保养。

2. 电梯司机或分管电梯的责任人必须在电梯每天投入使用之前做准备性的试运行，并对机房内的机械、电气设备等做 1 次巡回检查，核实以下内容：

（1）运行、制动等操作指令是否有效。

（2）运行是否正常，有无异常的振动或噪声。

（3）门联锁开关是否完好。检查时应做详细记录，并存档备查。

3. 电梯维修人员应每月对电梯的主要设备机构和电气设施进行比较细致的检查，核实以下内容：

（1）各种安全装置或部件是否有效。

（2）动力装置、传动和制动系统是否正常。

（3）润滑油量是否足够。

4. 电梯运行 1 年后，应进行 1 次全面检查。该检查工作应由持有特种设备（电梯）作业人员资格证书的专业人员承担，详细检查电梯所有的机械、电气和安全装置的完好情况，主要关键零部件的磨损程度，采用相应的修理、更换等措施予以排除。

（四）电梯钥匙使用管理制度

电梯钥匙一般包括电梯层门开锁钥匙、操纵箱钥匙和机房门锁的钥匙。

1. 层门开锁钥匙平时应严格保管，放置的地方要加锁，除经过指导并了解开锁时可能会引发的危险及已掌握了开锁要领的电梯管理者、电梯司机等有关人员外，不应该让其他人员拿到此类钥匙。

2. 开锁钥匙上应附 1 个小牌，用来提醒人们注意使用此钥匙引起的危险。

3. 电梯在运行时不准开锁。

4. 在开层门锁时，双脚要站稳，用一手操作，另一手要扶住层门或附近的墙壁，转动钥匙时用力不能太猛。先开成一条缝，看清轿厢在此没有危险后，方可将层门全部开启（进入底坑工作情况除外）。

5. 层门关闭后应确认其已经锁住。

（五）电梯安全操作注意事项

1. 电梯投入运营前须进行试运行，以检查各部位是否正常。

2. 搞好轿厢、厅门口的清洁卫生，清理地坎槽内杂物，以免影响门的正常开闭。

3. 严禁电梯超载运行，司乘人员应严格掌握所乘人数及所搭载的货物质量。

4. 载物电梯应注意所载货物在轿厢内均匀分布。

5. 对质量判断不明或不符合安全条件的物品谢绝运送，客梯禁止当货梯使用。

6. 不允许开启轿厢安全窗、安全门，运送超长物件。

7. 严禁在厅、轿门开启的情况下，用检修速度做正常行驶。

8. 不允许在使用检修开关、急停开关或电源开关时，做正常运行的试运行。电梯检修时，司机应听从维修人员指挥。

9. 电梯运行中，不得使用厅门钥匙开启厅门。

10. 电梯运行中发生“平层不开门”、“关门不走车”、安全钳误动作、运行速度变化异常及有不正常声响或含糊味等现象应立即按动“急停开关”，用通信装置通知维修或管理人员，并安抚好轿厢内人员。

11. 电梯操作人员应掌握所用电梯的各项性能，熟知安全操作规程，定期参加培训，持资格证上岗操作。

（六）电梯操作程序

1. 开梯程序

（1）首先确认扶梯供电是否正常，电压值是否在 AC 380×（1±10%）V 之间，是否存在缺相。

（2）开梯之前，先透过透明井道确认轿厢停留在本层后方可打开层门进入轿厢。

（3）打开轿厢操作面板，认真检查各控制开关及照明通风是否正常；把各开关打到正常位置。

（4）检查安全标志、提示是否齐全有效。

（5）用手遮挡轿厢门光幕，测试轿门安全保护装置是否灵敏可靠。

（6）检查轿厢地坎与层门地坎是否平层；轿门与层门之间有无异物，开启闭合是否顺畅。

（7）乘电梯上下往返行驶数次，没有异常后方可投入正常运行。

（8）如发现电梯有异常现象及故障时，应立即停止使用，关闭层门，切断主电源开关，及时通知维修人员处理。

2. 关梯程序

（1）关梯前乘电梯检查一趟。

（2）检查电梯无异常后，把电梯停在基层，便于次日开梯。

（3）断开轿内所有开关及照明开关。

（4）认真填写设备运行、维护、保养、检修台账。

（七）扶梯操作程序

1. 开梯程序

（1）首先确认扶梯供电是否正常，电压值是否在 AC 380×（1±10%）V 之间，是否存在缺相。

（2）对梯级和上下部梯级进入梳齿部位的垃圾和杂物进行清理，检查梳齿板是否完整，断齿数不得大于两条，黄边条是否缺失损坏。

（3）检查上下出入口盖板是否松动，紧固螺栓是否突出。

（4）检查扶手带安全保护开关是否灵敏可靠。

（5）检查红外线探测装置、流量指示灯是否完整。

（6）检查停止按钮是否灵敏可靠。

（7）扶梯启动前应确认扶梯上无乘客，操作人员不得一脚站在梳齿板上，另一脚踏在梯级上进行操作。

（8）将启动钥匙插入上操作面板钥匙孔内，面板应显示 P 或 IP 后，方按钥匙开关，向需要运行的方向转动，保持 1 ～ 2 s，等警铃响起后复位钥匙。

（9）操作人员双手各扶在一条扶手带上，乘扶梯上下行驶一趟，观察扶梯带与梯级是否同步，有无异常响声，确认无疑后，方可投入运行。

（10）发现电梯有异常现象及故障时，应立即停止使用，切断主电源开关，在上下台出口处设置安全护栏，并及时通知维修保养人员处理。

2. 关梯程序

（1）关梯前乘电梯上下检查一趟。

（2）检查电梯无异常后，按下停止按钮停止运行。

（3）认真填写设备运行、维护、保养、检修台账。

（八）轿厢内乘客的紧急救援操作规定

1. 电梯使用单位必须指定专人负责安全管理，有意外事件和事故的紧急救援措施，制定紧急救援演习制度，并组织紧急救援演习。

2. 电梯困人后，只要轿厢能移动就应采用手动松闸紧急救人操作程序或紧急电动运行的电气操作装置。

3. 若轿厢不能移动，则救援轿厢内乘客的工作应从轿外进行。此时安全管理人员应给予安慰、提供帮助，利用轿厢的安全窗或安全门等将被困人员逐个救出轿厢。在撤离过程中，安全管理人员应指定安全路线，采取安全措施，告诫注意事项，密切注视每一个人的情况，直至将最后一个人送到安全地点。

（九）电梯巡检制度

1. 电梯巡检人员应对运行中的电梯进行巡视检查；检查各控制开关及照明通风是否正常；各开关是否处于正常位置。

2. 检查安全标志、提示是否齐全有效。

3. 用手遮挡轿厢门光幕，测试轿门安全保护装置是否灵敏可靠。

4. 检查轿厢地坎与层门地坎是否平层；轿门与层门之间有无异物，开启闭合是否顺畅。

5. 乘电梯上下往返行驶数次，是否异常。

（十）扶梯巡检制度

1. 电梯巡检人员应对运行中的扶梯进行巡视检查；确认梯级和上下部梯级进入梳齿部位是否有垃圾和杂物，检查疏齿板是否完整，断齿数不得大于两条，黄边条是否缺失损坏。

2. 检查上下出入口盖板是否松动，紧固螺丝是否突出。

3. 检查扶手带安全保护开关是否灵敏可靠。

4. 检查红外线探测装置、流量指示灯是否完整。

5. 检查停止按钮是否灵敏可靠。

6. 操作人员双手各扶在一条扶手带上，乘扶梯上下行驶一趟，观察扶手带与梯级是否同步，有无异常响声。

（十一）电梯定期检验制度

电梯必须在检验有效期到期前一个月报特种设备检验检测机构进行定期检验检测。

1. 依据电梯档案查询使用标志截止日期，建立年度定期检验明细表，在检验有效期到期前一个月向特种设备检验检测机构申报年检。

2. 在特种设备检验检测机构检验之前，组织有关人员及维保单位对电梯进行年度保养。

3. 对电梯进行年度保养后，对电梯进行安全性能检查，准备好相关资料及保养记录，确保电梯的安全性能满足特种设备检验检测机构的检验要求。

4. 新安装使用电梯第一年经监督检验合格后，第二年应到特种设备检验检测机构报检，并将具体检验时间登记在年检电梯的明细表中。

5. 电梯主管人员依据电梯轿厢内“特种设备使用标志”的有效日期。提前两个月向主管领导报告检验周期，避免漏报少报。

6. 主管人员每月检查有关人员对电梯的报检及检验状况，及时调整存在的问题，做到本单位管理的电梯 100% 报检，要求维保单位要积极配合，以便能及时向特种设备检验检测机构报检。

7. 所有电梯报检工作均由主管人员负责进行安排，协调确保年度安全检验工作的顺利进行。

第三节　电梯安全风险控制

一、电梯安全防护

电梯可能发生的危险一般有：人员被挤压、撞击和发生坠落、剪切；人员被电击，轿厢超越极限行程发生撞击；轿厢超速或因断绳造成坠落；由于材料失效而造成结构破坏等。

保证电梯的安全性，除了充分考虑结构的合理性、可靠性，电气控制和拖动的可靠性等因素外，还应针对各种可能发生的危险设置专门的安全装置。

1. 防人员剪切和坠落的保护

在电梯事故中，人员被运动的轿厢剪切或坠入井道的事故所占的比例较大，而且这些事故的后果都十分严重，所以防止人员剪切和坠落的保护十分重要。该保护主要由门、门锁和门的电气安全触点联合承担。维护保养人员遗留在电梯控制柜里的门锁回路的短接线，可能引发电梯剪切事故，要注意检查。

2. 报警装置和救援装置（曳引与强制驱动电梯、液压电梯）

当人员被困在轿厢内时，通过电梯内的报警或通信装置应能将情况及时通知管理人员，通过救援装置将人员安全救出轿厢。电梯的救援系统主要是由救援装置和报警装置两部分组成。

（1）报警装置。电梯必须安装应急照明和报警装置，并由应急电源供电。

（2）救援装置。电梯困人的救援以往主要采用自救的方法，即轿厢内的操纵人员从上部安全窗爬上轿顶将层门打开。随着电梯的发展，无人员操纵电梯得到广泛使用，再采用自救的方法不但十分危险而且几乎不可能。因为作为公共交通工具的电梯，乘员十分复杂，电梯出现故障时乘员不可能从安全窗爬出，就是爬上了轿顶也打不开层门，反而会发生其他事故。因此，现在电梯从设计上就决定了救援必须从外部进行。电梯安全管理人员在接到故障报警后，应立即通知电梯维修作业人员赶赴现场实施救援。

3. 消防功能设置（曳引与强制驱动电梯、液压电梯）

发生火灾时井道往往是烟气和火焰蔓延的通道，而且一般层门温度在 70 ℃以上时不能正常工作。为了乘员的安全，在发生火灾时电梯必须具有使楼内所有电梯停止应答召唤信号，并直接返回撤离层站的功能，即具有火灾自动返基站功能。

4. 机械伤害的防护

当人接近电梯的运动部分时可能会产生撞击、挤压、绞碾等事故，在工作场地由于地面的高低差也可能会产生摔跌等危险，所以必须采取防护措施。

人在操作、维护中可能接近的旋转部件，尤其是传动轴上突出的锁销和螺钉、钢带、链条、传动带、齿轮、链轮、电动机的外伸轴、甩球式限速器等，必须有安全网罩或栅栏，以防止人员无意中触及曳引轮、盘车手轮、飞轮等。光滑圆形部件可不加防护，但应部分或全部涂成黄色以警示。

轿顶和对重的反绳轮必须安装防护罩。防护罩应能防止人员的肢体或衣服被绞入，还应能防止异物落入和钢丝绳脱出。

在底坑中对重运行的区域和装有多台电梯的井道中不同电梯的运动部件之间均应设隔障。

机房与地面高差大于 0.5 m 时，在高处应安设栏杆和梯子。

在轿顶边缘与井道壁水平距离超过 0.3 m 时，应在轿顶设护栏，护栏的安设应不影响人员安全和方便地通过入口进入轿顶。

5. 电气安全保护

对电梯的电气装置和线路必须采取安全保护措施，以防止发生人员触电和设备损毁事故。按照国家标准《电梯制造与安装安全规范》GB 7588 的要求，电梯应采取以下电气安全保护措施：

（1）直接触电防护。绝缘是防止发生直接触电和电气短路的基本措施。

（2）间接触电防护。在电源中性点直接接地的供电系统中，防止间接触电最常用的防护措施是将故障时可能带电的电气设备外露可导部分与供电变压器的中性点进行电气连接。

（3）电气故障防护。按规定，交流电梯应有电源相序保护。当电源断相或错相时，应停止电梯运行。在变频调速电梯中，由于变频装置是先将交流电整流成直流电，再进行变频调制的，所以错相对其不会产生影响。直接与电源相连的电动机和照明电路应有短路保护，短路保护一般采用自动空气断路器或熔断器，与电源直接相连的电动机还应有直接过载自我保护。

（4）电气安全装置。装置包括直接切断驱动主机电源接触器或中间继电器的安全触点，不直接切断上述接触器或中间继电器的安全触点和不满足安全触点要求的触点。当电梯电气设备出现故障，如无电压或低电压、导线中断、绝缘损坏、元件短路或断路、继电器和接触器不释放或不吸合、触点不断开或不闭合、断相或错相等故障时，电气安全装置应能防止电梯出现事故。

二、电梯使用安全隐患排查重点

1. 电梯安全管理情况

（1）电梯安全管理制度以及操作规程未建立或不全。

（2）安全技术档案未建立或不完善。

（3）未按作业人员管理规定配备安全管理员或安全管理员未持证上岗。

（4）未按相关要求制定电梯钥匙使用管理制度、应急措施和救援预案，且无演练记录。

（5）未与取得相关资质单位签订有效的日常维护保养合同。

2. 电梯使用环境不符合要求

（1）机房通道不畅通。

（2）机房未专用（堆放杂物）。

（3）底坑积水。

（4）机房无紧急救援装置。

（5）井道未完全封闭。

（6）应急通话未接入值班室。

（7）无阻挡、防攀爬、防碰头装置。

（8）未粘贴乘客须知。

（9）紧急停止装置无标志。

3. 电梯部件存在问题

（1）主电源无接地线或接地线断开。

（2）金属承重梁、结构件锈蚀、断裂。

（3）层门地坎护脚板锈蚀。

（4）钢丝出粉、变形、磨损严重（丝断股）。

（5）制动器闸瓦磨损严重。

（6）限速器超期未校验。

（7）层门滑块缺失、磨损严重。

（8）缓冲器未固定可靠。

（9）扶手带破损严重。

（10）梳齿板断齿严重。

三、电梯危险有害因素治理方法

1. 严格执行特种设备管理要求

电梯属于特种设备之一，因此加强其质量与安全管理要从全过程、全方位入手，即包括设计、制造、安装、使用、检验、维修、保养和改造等的每个环节都要严格遵循国家法规和标准的要求。例如设计单位应将设计总图、安全装置和主要受力构件的安全可靠性计算资料报送所在地区省级特种设备监管部门审查；制造单位应申请制造生产许可证和安全认定；维修单位必须向所在地区省级特种设备监管部门申请资格认证，并领取认可资格证书；使用单位必须申请取得属地市特种设备监管部门颁发的电梯使用登记证；管理人员必须经过专业培训考核合格，持有岗位操作资格证书；电梯设备的安全技术状况必须按照规定由法定资格认可的单位进行检验检测。

电梯使用单位日常现场安全监督检查的项目主要包括作业人员、使用登记及警示标志和安全装置。

2. 建立管理制度

为保证电梯安全使用和正常运行，拥有电梯的单位必须建立必要的管理制度。主要包括：电梯司机与电梯管理人员的培训制度，电梯值班记录制度，电梯检查、保养和维修制度，岗位操作规程，应急救援预案等。

一旦发生电梯困人或电梯伤人事故及电梯机械伤害、火灾、自然灾害等紧急情况时，使用单位要首先启动单位应急救援预案。

3. 实现远程管理监控

远程管理系统随着科技的发展，电梯日益高性能化、多功能化。同时，为了使乘坐者能安心使用，电梯的安全可靠性显得更加重要，在停电或故障时，应能及时提供有效的服务措施。电梯远程管理监视系统功能强大，只要利用电话线即可达成全年、全天候的监控，并预警异常征兆；自动反馈侦测诊断的计算机资料，随时进行维修及保养，确保电梯安全零故障。

工作中需要不断地复查已经建立的安全等级，尤其是依据经验需要对已经确定的安全等级进行复查时，以及当技术和知识的发展可能导致改进时，以便实现与产品、过程或服务的应用相适应的最低风险。

四、常见故障与处理

风险控制就是要对安全进行不断地改进，通过经验学习、风险分析确保实现最低的风险。在电梯中，自动扶梯出现故障较多，下面就简要举例介绍一些自动扶梯的常见故障与处理。

1. 梯级缺失故障

（1）故障现象

故障代码显示缺梯级，不能启动运行。

（2）分析问题

造成该故障的发生通常是由于维保人员在维修过程中，对梯级拆卸后重新安装的时候，忘记把某个梯级重新安装上；或者传感器位置没有调整适当，当运行扶梯时，梯级缺失安全装置检测到缺少梯级发出相应信号，扶梯安全控制板收到信号后停止扶梯运行。

（3）解决方法

①重新安上梯级，并按下安全控制板上红色复位按钮。

②调整传感器安装位置，并按下安全控制板上红色复位按钮。

2. 主机温度过热故障

（1）故障现象

扶梯运行中停机。

（2）分析问题

当主机线圈温度超过 155 ℃，热电阻金属片发生形变而相互导通，安全控制板收到导通信号后会停止扶梯运行。

（3）解决方法

①待主机冷却后，检查是否为由主机运转时出现抱闸过紧导致发热。

②待主机冷却后，检查主机内部线路，排除短路情况。

③检查扶梯安全控制板上连接器是否松脱。

④检查主机线圈是否已烧毁。

3. 抱闸提升装置故障

（1）故障现象

左、右侧抱闸提升装置动作异常。

（2）分析问题

当主机启动时，抱闸没有打开；当主机停止时，抱闸没有抱紧刹车。此监控装置发出相应的检测信号，安全控制板将控制主接触器不予主机供电。

（3）解决方法

①检查制动器磁铁，若损坏，进行更换。

②调整安全开关与传动杆之间的距离。

③检查安全控制板参数表，检查所有参数是否输入正确。

4. 防反转装置故障

（1）故障现象

防逆转功能失效。

（2）分析问题

当检测到扶梯向上运行时，速度过低或出现反方向运行的趋势时，该装置发出信号，安全控制板收到信号后会停止扶梯运行。

（3）解决方法

①检查主机电源线接线是否正确，排除线路故障完毕，并按下扶梯安全控制板上红色复位按钮。

② 检查主机速度检测传感器，若损坏，进行更换，并按下扶梯安全控制板上红色复位按钮。

③检查主机速度传感器安装间隙，不能太靠近主机刹车盘，也不能离太远。

5. 梯级断裂故障

（1）故障现象

上端站或下端站梯级断裂。

（2）分析问题

当梯级断裂时，梯级的下陷部分会触动位于其下方的检测杆，从而触发与检测杆相连接的安全开关，扶梯安全控制板收到信号后会停止扶梯运行。

（3）解决方法

①更换断裂梯级，调节装置中的长螺栓与梯级之间的距离，并按下扶梯安全控制板上红色复位按钮。

②调整开关安装间隙。

6. 上行和下行同时出现瞬时逻辑错误故障

（1）故障现象

扶梯不能启动。

（2）分析问题

UP 继电器与 DOWN 继电器同时吸合，操作不当，同时按下控制面板上的上行、下行按钮。

（3）解决方法

①检查扶梯安全控制板上二极管 D1、D2 是否被击穿，若被击穿，更换二极管。

②检查钥匙开关的信号线是否短路。

7. 电动机欠速故障

（1）故障现象

运行中的扶梯减慢或者停止。

（2）分析问题

扶梯下行过程中，速度突然减慢或者停止，扶梯安全控制板检测到速度减慢信号后会停止扶梯运行。

（3）解决方法

①检查主机电源线接线是否正确，排除线路故障。

②检查主机速度检测传感器，若损坏，进行更换。

8. 扶手带打滑故障

（1）故障现象

左侧或右侧扶手带打滑。

（2）分析问题

①扶手驱动中的摩擦轮与滚轮链不能把扶手带压紧，导致扶手带打滑。

②扶梯安全控制板中关于扶手带参数设置不正确。

（3）解决方法

①通过调校滚轮链中的张紧弹簧，使滚轮链与摩擦轮压紧扶手带。如果被软件锁梯，按下扶梯安全控制板上红色复位按钮。

②重新设置扶梯安全控制板中关于扶手带的参数，并按下扶梯安全控制板上红色复位按钮。

复习题及参考答案

一、复习题

（一）判断题

1. 电梯用于出租的，出租期间，出租单位是使用单位。（　）

2. 新安装未移交业主的电梯，项目建设单位是使用单位。（　）

3. 电梯属于共有的，共有人可以委托物业服务单位或者其他管理人管理电梯，委托人是使用单位。（　）

4. 产权单位自行管理的电梯，产权单位是使用单位。（　）

5. 使用为公众提供运营服务电梯的，或者在公众聚集场所使用 20 台以上电梯的，使用单位应设置特种设备安全管理机构，并逐台落实安全责任人。（　）

（二）单选题

1. 电梯三角钥匙应由经过专门的培训，有资格的电梯（　）保管使用。

A. 本单位安全员　　B. 安全管理员

C. 驾驶员　　D. 本单位修理工

2. 使用各类电梯总量≥（　）台以上的电梯使用单位应当配备专职安全管理员，并且取得相应的特种设备安全管理人员资格证书。

A. 15　　B. 20　　C. 25　　D. 30

3. 按照《特种设备目录》所指的曳引与强制驱动电梯不包括（　）。

A. 曳引驱动乘客电梯　　B. 曳引驱动载货电梯

C. 强制驱动乘客电梯　　D. 强制驱动载货电梯

4. 以下不属于电梯使用单位安全管理人员职责的是（　）。

A. 进行电梯运行的日常巡视，记录电梯日常使用状况

B. 妥善保管电梯钥匙及其安全提示牌

C. 接到故障报告后，赶赴现场动手消除故障

D. 实施对电梯安装、改造、维修和维保工作的监督，对维保单位的维保记录签字确认

5. 电梯发生困人时，使用单位要及时采取措施，安抚乘客，组织（　）实施救援。

A. 电梯维修作业人员　　B. 电梯安全管理人员

C. 电梯司机　　D. 电梯安装作业人员

6. 在没有采取安全防范措施前，电梯轿厢内不允许装载（　）。

A. 单体大件物品　　B. 超高物品

C. 易燃易爆物品　　D. 质量轻体积大的物品

7. 电梯制造单位明确的预留装饰质量或累计增加/减少质量不超过额定载重量的（　）不属于改变电梯性能参数的改造行为。

A. 1%　　B. 2%　　C. 5%　　D. 10%

8. 关于电梯使用单位界定说法错误的是（　）。

A. 新安装未移交业主的电梯，项目建设单位是使用单位

B. 委托物业服务单位管理的电梯，物业服务单位是使用单位

C. 产权单位自行管理的电梯，产权单位是使用单位

D. 电梯用于出租的，出租期间，承租单位是使用单位

9. 接到电梯困人故障报告后，维修人员及时抵达所维保电梯所在地实施现场救援，直辖市或者设区的市抵达时间不超过（　）。

A. 15 min　　B. 30 min　　C. 1 h　　D. 2 h

10. 在维保过程中，发现事故隐患及时告知电梯使用单位；发现（　）及时向当地特种设备监督管理部门报告。

A. 严重事故隐患　　B. 一般事故隐患

C. 较大事故隐患　　D. 事故隐患

二、参考答案

（一）判断题

1. √　　2. √　　3. ×　　4. √　　5. ×

（二）单选题

1.B　　2.B　　3.C　　4.C　　5.A

6.C　　7.C　　8.D　　9.B　　10.A

第六章　起重机械

第一节　起重机械基础知识

一、起重机械基本概念

起重机械是指用于垂直升降或者垂直升降并水平移动重物的机电设备（图 6-1），其范围规定为额定起重量大于或等于 0.5 t 的升降机，额定起重量大于或等于 3 t（或额定起重力矩大于或等于 40 t · m 的塔式起重机，或生产率大于或等于 300 t/h 的装卸桥），且提升高度大于或等于 2 m 的起重机；层数大于或等于 2 层的机械式停车设备。

图 6-1　起重机械

二、起重机械基本构件

（一）吊钩（图 6-2）

吊钩应有制造单位的质量合格证书，方可投入使用。吊钩是起重机械中最常见的一种吊具，常借助于滑轮组等部件悬挂在起升机械的钢丝绳上。起重机械不得使用铸造的吊钩。吊钩宜设有防止吊重意外脱钩的保险装置。吊钩表面应光洁，无剥裂、锐角、毛刺、裂纹等。

图 6-2 吊钩

1. 材料

吊钩材料应采用优质低碳镇静钢或低碳合金钢。

锻钩一般应用《优质碳素结构钢》GB/T 699—2015 中规定的 20 钢。

板钩一般应用《碳素结构钢》GB/T 700—2006 中规定的 A3、C3 普通碳素钢，或《低合金高强度结构钢》GB/T 1591—2018 中规定的 16 Mn 低合金钢。

2. 吊钩的检验

人力驱动的起升机构用的吊钩，以 1.5 倍额定载荷作为检验载荷进行试验：动力驱动的起升机构用的吊钩，以 2 倍额定载荷作为检验载荷进行试验。

吊钩卸去检验载荷后，在没有任何明显的缺陷和变形的情况下，开口度的增加不应超过原开口度的 0.25%，危险面应用煤油清洗后用 20 倍放大镜观察有无裂纹。

对工艺成熟、质量稳定、采用常用材料制造的吊钩，应逐件检查硬度；对每批具有同炉号、同吨位、同炉热处理的吊钩，除硬度外的其他机械性能，应按相关要求抽检。

采用新材料制造吊钩，在质量未稳定前，应对全部吊钩做 100% 的材料机械性能检验。检验结果应符合相应的材料标准。

检验合格的吊钩，应在低应力区做出不易磨灭的标记，并签发合格证。

3. 吊钩出现下述情况之一时，应予报废：

（1）表面有裂纹。

（2）危险断面磨损达原尺寸的 10%。

（3）开口度比原尺寸增加 15%。

（4）钩身扭转变形超过 10°。

（5）吊绳危险断面或吊钩颈部产生塑性变形。

（6）板钩衬套磨损达原尺寸的 50% 时，应报废衬套。

（7）板钩心轴磨损达原尺寸的 5% 时，应报废心轴。

吊钩上的缺陷不得焊补。

（二）钢丝绳（图 6-3）

起重机械用的钢丝绳，应符合《起重机用钢丝绳》GB/T 34198—2017 标准，并必须有产品检验合格证。

图 6-3　钢丝绳

1. 钢丝绳安全系数

（1）钢丝绳在卷筒上，应能按顺序整齐排列。

（2）载荷由多根钢丝绳支承时，应设有各根钢丝绳受力的均衡装置。

（3）起升机构和变幅机构，不得使用编结接长的钢丝绳。使用其他方法接长钢丝绳时，必须保证接头连接强度不小于钢丝绳破断拉力的 90%。

（4）起升高度较大的起重机，宜采用不旋转、无松散倾向的钢丝绳。采用其他钢丝绳时，应有防止钢丝绳和吊具旋转的装置或措施。

（5）当吊钩处于工作位置最低点时，钢丝绳在卷筒上的缠绕圈数，除固定绳尾的圈数外，必须在 2 圈或 2 圈以上。

（6）吊运熔化或炽热金属的钢丝绳，应采用石棉芯等耐高温的钢丝绳。

2. 钢丝绳端部固定连接安全要求

（1）用绳卡连接时，应满足相关的要求，同时应保证连接强度不得小于钢丝绳破断拉力的 85%。

（2）用编结连接时，编结长度不应小于钢丝绳直径的 15 倍，并且不得小于 300 mm。连接强度不得小于钢丝绳破断拉力的 75%。

（3）用楔块、楔套连接时，楔套应用钢材制造。连接强度不得小于钢丝绳破断拉力的75%。

（4）用锥形套浇铸法连接时，连接强度应达到钢丝绳的破断拉力。

（5）用铝合金套压缩法连接时，应用可靠的工艺方法使铝合金套与钢丝绳紧密牢固地贴合，连接强度应达到钢丝绳的破断拉力。

3. 钢丝绳维护

（1）对钢丝绳应防止损伤、腐蚀，或其他物理、化学因素造成的性能降低。

（2）钢丝绳开卷时，应防止打结或扭曲。

（3）钢丝绳切断时，应有防止绳股散开的措施。

（4）安装钢丝绳时，不应在不洁净的地方拖线，也不应绕在其他物体上，应防止划、磨、碾压和过度弯曲。

（5）钢丝绳应保持良好的润滑状态；所用润滑剂应符合该绳的要求，并且不影响外观检查；润滑时应特别注意不易看到和不易接近的部位，如平衡滑轮处的钢丝绳。

（6）领取钢丝绳时，必须检查该钢丝绳的合格证，以保证机械性能、规格符合设计要求。

（7）对日常使用的钢丝绳每天都应进行检查，包括对端部的固定连接、平衡滑轮处的检查，并做出安全性的判断。

（三）起重用焊接环形链

起重用焊接环形链如图6-4所示，应符合以下条件：

图6-4　焊接环形链

1. 安全系数不得小于规定的数值。

2. 焊接环形链的材料，应有良好的可焊性及不易产生时效应变脆性。一般应用《合金结构钢》GB/T 3077—2015中规定的20 Mn2钢或20 MnV钢制造。

3. 焊接环形链在检验时应逐条进行50%额定破断拉力检验。对合格的链条应签发合格证，并在链条上做出下述标记：（1）质量等级标志，每隔20个链环长度或每米长度

（两者中取小值）上，明显地压印或刻印质量等级的代号 I。（2）在链条的所有端部，由检查人员做出明显的检验标志。

4. 焊接环形链出现下述情况之一时，应报废：（1）裂纹。（2）链条发生塑性变形，伸长达原长度的 5%。（3）链环直径磨损达原直径的 10%。

（四）卷筒

1. 卷筒上钢丝绳尾端的固定装置，应有防松或自紧的性能。对钢丝绳尾端的固定情况，应每月检查 1 次。

2. 多层缠绕的卷筒，端面应有凸缘。凸缘应比最外层钢丝绳或链条高出 2 倍的钢丝绳直径或链条的宽度。单层缠绕的单联卷筒也应满足上述要求。

3. 用于起升机构和变幅机构的卷筒，采用筒体内无贯通的支承轴的结构时，筒体宜采用钢材制造。

4. 卷筒直径与钢丝绳直径的比值 h_1 不应小于规定的数值。

5. 卷筒出现下述情况之一时，应报废：（1）裂纹。（2）筒壁磨损达原壁厚的 20%。

（五）滑轮

滑轮外观如图 6-5 所示，应满足以下条件：

图 6-5 滑轮

1. 滑轮直径与钢丝绳直径的比值 h_2 不应小于相关的数值。平衡滑轮直径与钢丝绳直径的比值 $h_{平}$不得小于 0.6 h_2。对于桥式类型起重机，$h_{平}$应等于 h_2。对于临时性、短时间使用的简单、轻小型起重设备，h_2 值可取为 10，但最低不得小于 8。

2. 滑轮槽应光洁平滑，不得有损伤钢丝绳的缺陷。

3. 滑轮应有防止钢丝绳跳出轮槽的装置。

4. 金属铸造的滑轮，出现下述情况之一时，应报废：（1）表面有裂纹。（2）轮槽不均匀，磨损达 3 mm。（3）轮槽壁厚，磨损达原壁厚的 20%。（4）因磨损使轮槽底部直径减少量达钢丝绳直径的 50%。（5）其他损害钢丝绳的缺陷。

（六）制动器

制动器外观如图 6-6 所示，应满足以下条件：

图 6-6　制动器

1. 动力驱动的起重机，其起升、变幅、运行、旋转机构都必须装设制动器。人力驱动的起重机，其起升、变幅机构必须装设制动器或停止器。起升、变幅机构的制动器必须是常闭式的。

2. 起升机构不宜采用重物自由下降的结构。如采用重物自由下降结构，应有可操纵的常闭式制动器。

3. 吊运炽热金属或易燃、易爆等危险品，以及发生事故后可能造成重大危险或损失的起升机构，其每一套驱动装置都应装设 2 套制动器。

4. 每套制动器的安全系数要求：（1）制动器应有符合操纵频度的热容量。（2）制动器对制动带摩擦垫片的磨损应有补偿能力。（3）带式制动器的制动轮的实际接触面积不应小于理论接触面积的 70%。（4）带式制动器的制动带摩擦垫片，其背衬钢带的端部与固定部分的连接，应采用铰接，不得采用螺栓连接、铆接、焊接等刚性连接形式。

5. 人力控制制动器，施加的力与行程的要求：（1）控制制动器的操纵部位，如踏板、操纵手柄等，应有防滑性能。（2）正常使用的起重机，每班都应对制动器进行检查。

6. 制动器的零件，出现下述情况之一时，应报废：（1）表面有裂纹。（2）制动带摩擦垫片厚度磨损达原厚度的 50%。（3）弹簧出现塑性变形。（4）小轴或轴孔直径磨损达原直径的 5%。

（七）制动轮

制动轮的制动摩擦面不应有妨碍制动性能的缺陷，或沾染油污。

制动轮出现下述情况之一时，应报废：（1）表面有裂纹。（2）起升、变幅机构的制动轮，轮缘厚度磨损达原厚度的 40%。（3）其他机构的制动轮，轮缘厚度磨损达原厚度的 50%。(4）轮面凹凸不平度达 1.5 mm 时，如能修理，修复后轮缘厚度应符合条款(2)、(3）的要求。

（八）在钢轨上工作的车轮

出现下述情况之一时，应报废：(1）表面有裂纹。(2）轮缘厚度磨损达原厚度的 50%。(3）轮缘厚度弯曲变形达原厚度的 20%。(4）踏面厚度磨损达原厚度的 15%。(5）当运行速度低于 50 m/min 时，椭圆度达 1 mm；当运行速度高于 50 m/min 时，椭圆度达 0.5 mm。

（九）传动齿轮

出现下述情况之一时，应报废：(1）表面有裂纹。(2）出现断齿。(3）齿面点蚀损坏达啮合面的 30%，且深度达原齿厚的 10%。(4）起升机构第一级啮合齿轮，齿厚的磨损量达原齿厚的 25%。用于起升机构的齿形联轴器，齿厚的磨损量达原齿厚的 15%。(5）吊运炽热金属或易燃、易爆等危险品，齿厚磨损达 10%。

（十）液压系统

1. 液压系统应有防止过载和冲击的安全装置。采用溢流阀时，溢流阀压力应取为系统工作压力的 110%。

2. 液压系统应有良好的过滤器或其他防止油污染的装置。

3. 液压系统中，应有防止被吊重或臂架驱动，使液压马达超速的措施或装置。

4. 液压系统工作时，液压油的温升不应超过 40 K。

5. 支腿油缸处于支承状态时，液控单向阀必须保证可靠地工作。当基本臂在最小工作幅度、悬吊最大起重量 15 min 后，变幅油缸和支腿油缸活塞杆回缩量不应大于 15 mm。

6. 平衡阀必须直接或用钢管连接在变幅油缸、伸缩臂油缸和液压马达上，不得用软管连结。

7. 手动换向阀在操纵时的阻力，应均匀、无冲击跳动。

8. 液压系统应按设计要求用油，按说明书要求定期换油。

（十一）润滑

设备应有润滑图，润滑点应有标志。润滑点的位置应便于安全接近，使用中应按设计要求定期润滑。

（十二）为吊运各类物品而设的专用辅具

专用辅具应有自紧倾向；无自紧倾向的应有防止滑落的装置或措施。

上述专用辅具及吊挂、捆绑用的钢丝绳或链条，应每 6 个月检查 1 次；用其允许承载能力的 2 倍，悬吊 10 min 后按报废要求对照检查，确认安全可靠后，方可继续使用。

三、起重机械工作特点

1. 从安全技术角度分析

起重机械的工作特点可概括如下：

（1）起重机械通常具有庞大的结构和比较复杂的机构，能完成 1 次起升运动、1 次或多次水平运动。

（2）所吊运的重物多种多样，载荷是变化的。

（3）大多数起重机械需要在较大的范围内运行，活动空间较大。

（4）有些起重机械需要直接载运人员在导轨、平台或钢丝绳上做升降运动（如升降平台等），其可靠性直接影响人身安全。

（5）暴露的、活动的零部件较多，且常与吊运作业人员直接接触（如吊钩、钢丝绳等），隐藏着许多偶发的危险因素。

（6）作业环境复杂。

（7）作业中常常需要多人配合，共同完成一项操作。

上述诸多危险因素的存在，决定了起重伤害事故较多。

2. 起重机械安全、正常工作的条件

为了保证起重机械安全、正常地工作，起重机械设计时应满足下列 3 个基本条件：

（1）金属结构和机械零部件应具有足够的强度、刚度和抗屈服能力。

（2）整机必须具有必要的抗倾覆稳定性。

（3）原动机具有满足作业性能要求的功率，制动装置要能提供必需的制动力矩。

3. 起重机械的安全装置

（1）位置限制与调整装置

①上升极限位置限制器。《起重机械安全规程》规定，凡是动力驱动的起重机，其起升机构（包括主、副起升机构）均应装设上升极限位置限制器。

②运行极限位置限制器。凡是动力驱动的起重机，其运行极限位置都应装设运行极限位置限制器。

③偏斜调整和显示装置。《起重机械安全规程》要求，跨度等于或超过 40 m 的装卸桥和门式起重机应装偏斜调整和显示装置。

④缓冲器。《起重机械安全规程》要求，桥式、门式起重机和装卸桥，以及门座起重机或升降机等都要装设缓冲器。

（2）防风防爬装置

《起重机械安全规程》规定，露天工作于轨道上的起重机，如门式起重机、装卸桥、塔式起重机和门座起重机，均应装设防风防爬装置。

此外，在露天工作的桥式起重机因环境因素的影响，可能出现地形风。地形风的持续时间较短，但风力很强，足以吹动起重机做较长距离的滑行，并可能撞毁轨道端部止挡，造成脱轨或跌落。所以《起重机械安全规程》规定，在露天工作的桥式起重机也宜装设防风防爬装置。

起重机防风防爬装置主要有夹轨器、锚定装置和铁鞋三类。按照防风装置的作用方式不同，可分为自动作用与非自动作用两类。

（3）安全钩、防后倾装置和回转锁定装置

①安全钩。单主梁起重机起吊重物是在主梁的一侧进行，重物等对小车产生一个倾翻力矩，由垂直反轨轮或水平反轨轮产生的抗倾翻力矩能使小车保持平衡，不能倾翻。但是，只靠这种方式不能保证在风灾、意外冲击、车轮破碎、检修等情况时的安全。因此，这种类型的起重机应安装安全钩。安全钩根据小车和轨轮形式的不同，也设计成不同的结构。

②防后倾装置。用柔性钢丝绳牵引吊臂进行变幅的起重机，当遇到突然卸载等情况时，会产生使吊臂后倾的力，从而造成吊臂超过最小幅度，发生吊臂后倾的事故，因此这类起重机应安装防后倾装置。吊臂后倾主要由以下几种原因造成：起升用的吊具、索具或起升用钢丝绳存在缺陷，在起吊过程中突然断裂，使重物突然坠落；由于起重工绑挂不当，起吊过程中重物散落、脱钩。这些情况都会形成突然卸载，造成吊臂反弹后倾事故。为了防止这类事故，《起重机械安全规程》明确规定，流动式起重机和动臂式塔式起重机上应安装防后倾装置（液压变幅除外）。

③回转锁定装置。回转锁定装置是指在臂架起重机处于运输、行驶或非工作状态时，锁住回转部分，使之不能转动的装置。

回转锁定器的常见形式有机械锁定器和液压锁定器两种。机械锁定器的结构比较简单，通常采用锁销插入方式、压板顶压方式或螺栓紧定方式等。液压锁定器通常用双作用活塞式油缸对转台进行锁定。

4. 超载保护装置

超载保护装置包括起重量限制器和力矩限制器。超载保护装置按其功能的不同可分为自动停止型和综合型两种，按结构形式可分为电气型和机械型两种。超载保护装置应具有动载抑制功能、自动工作功能和自动保险功能。

（1）起重量限制器。主要用于桥架型起重机，其主导产品是电气型起重量限制器，一般由载荷传感器和二次仪表两部分组成。载荷传感器使用电阻应变式或压磁式传感器，根据安装位置配置专用安装附件。传感器的结构形式主要有压式、拉式和剪切梁式 3 种。

（2）力矩限制器。动臂变幅的塔式起重机一般使用机械型力矩限制器。小车变幅式起重机一般使用起重量限制器和力矩限制器来共同实施超载保护。流动式起重机一般使用力矩限制器进行超载保护。

5. 防碰装置

（1）反射型。由发射器、接收器、控制器和反射板组成。

（2）直射型。检测波不经过反射板反射的产品统称为直射型。

6. 危险电压报警器

臂架型起重机在输电线附近作业时，由于操作不当，臂架、钢丝绳等过于接近甚至碰触电线，都会造成感电或触电事故。为了防止这类事故，部分国家从 20 世纪 70 年代起研制危险电压报警器，目前已进入系列化生产阶段。

四、桥式起重机、门式起重机、塔式起重机安全操作

起重机械安全操作管理制度：

1. 操作人员班前、班中严禁饮酒。操作时必须精神饱满，精力集中。

2. 操作人员在使用行车前，应进行例行检查，发现装置和零件不正常时，必须在使用前排除。

3. 开车前，必须鸣铃或报警。操作中行车接近人时，应给以断续铃声做警示。

4. 非行车操作人员不准随便进入行车驾驶室。

5. 行车上有两人工作时，事先没有互相联系和通知，不得擅自开动行车。

6. 工作中遇到突然停电，应将所有控制器手柄扳回零位，在重新工作前应检查行车是否完好后方可使用。因停电重物悬挂半空时，操作人员应使地面人员紧急避让。

7. 在任何情况下，吊运重物不准从人的上方通过，吊臂下方不得有人。

8. 操作人员进行行车维护保养时，应切断主电源并挂上标志牌。

9. 严禁大、小车及上、下车三线同时使用。

10. 控制器应逐步开动，不得将控制器手柄从顺转位置直接猛转到反转位置，应先将控制器转到零位，再换反方向。

11. 坚持做到“十不吊”：（1）指挥信号不明或乱指挥不吊。（2）物体质量不清楚或超负荷不吊。（3）斜拉物体不吊。（4）重物上站人或浮置物不吊。（5）工作场地昏暗，无法看清场地、被吊物及指挥信号不吊。（6）工件埋在地下不吊。（7）工作捆绑、吊挂不牢不吊。（8）重物棱角处与吊绳之间未加垫衬不吊。（9）吊索具达到报废标准或安全装置失灵不吊。（10）重物超长未采取牵引措施不吊。

（一）桥式起重机（图 6-7）

1. 单梁桥式起重机操作规程

工作前：

（1）带驾驶室的单梁桥式起重机司机接班开车前，应对吊钩、钢丝绳和安全装置等部件按点检卡片的要求进行检查，发现异常情况，应予以排除。

图 6-7 桥式起重机

（2）地面操纵的单梁桥式起重机，每班应有专人负责按点检卡片的要求进行检查，发现异常情况，应予以排除。

（3）操作者必须在确认走台或轨道上无人时，才可以闭合主电源。当电源断路器上加锁或有告示牌时，应由原有关人除掉后方可闭合主电源。

工作中：

（1）每班第一次起吊重物时（或负荷达到最大重量时），应在吊高地面高度 0.5 m 后，重新将重物放下，检查制动器性能，确认可靠后，再进行正常作业。

（2）严格执行“十不吊”的制度。

（3）发现异常，立即停机，切断电源，检查原因并及时排除。

工作后：

（1）将吊钩升高至一定高度，大车停靠在指定位置，控制器手柄置于零位；拉下闸刀，切断电源。

（2）进行日常维护保养。

（3）做好交接班工作。

2. 双梁桥式起重机操作规程

工作前：

（1）对制动器、吊钩、钢丝绳和安全装置等部件按点检卡的要求检查，发现异常现象，应先予以排除。

（2）操作者必须在确认走台或轨道上无人时，才可以闭合主电源。当电源断路器上加锁或有告示牌时，应由原有关人除掉后方可闭合主电源。

工作中：

（3）每班第一次起吊重物时（或负荷达到最大重量时），应在吊离地面高度 0.5 m 后，重新将重物放下，检查制动器性能，确认可靠后，再进行正常作业。

（4）操作者在作业中，应按规定对下列各项作业鸣铃报警：①起升、降落重物，开动大、小车行驶时。②起重机行驶在视线不清楚路段时，要连续鸣铃报警。③起重机行驶接近跨内另一起重机时。④吊运重物接近人员时。

（5）操作运行中应按统一规定的指挥信号进行。

（6）工作中突然断电时，应将所有的控制器手柄置于零位，在重新工作前应检查起重机动作是否正常。

（7）起重机大、小车在正常作业中，严禁开反车制动停车；变换大、小车运动方向时，必须将手柄置于零位，使机构完全停止运转后，方能反向开车。

（8）有两个吊钩的起重机，在主、副钩换用时和两钩高度相近时，主、副钩必须单独作业，以免两钩相撞。

（9）两个吊钩的起重机不准两钩同时吊两个物件；不工作的情况下调整起升机构制动器。

（10）不准利用极限位置限制器停车，严禁在有负载的情况下调整起升机构制动器。

（11）严格执行“十不吊”的制度。

（12）如发现异常，立即停机，检查原因并及时排除。

工作后：

（1）将吊钩升高至一定高度，并将起重机（大门式起重机、小门式起重机）停靠在指定位置，控制器手柄置于零位；拉下保护箱开关手柄，切断电源。

（2）进行日常维护保养。

（3）做好交接班工作。

（二）门式起重机（图 6-8）

图 6-8　门式起重机

门式起重机安全操作规程

1. 起重机司机必须经培训、考试合格，取得安全操作资格证后方可上岗作业。

2. 起重机司机必须经过体检合格，凡患有下列情况之一者，不得从事此项工作：

（1）色盲、听力不强。

（2）低血压、高血压或贫血。

（3）心脏病。

3. 司机进出驾驶室，应由专用梯子上下，严禁人员在轨道上行走。与工作无关人员禁止登上起重机。

4. 每班运行前按下列内容和顺序进行检查：

（1）钢丝绳不得有窜槽或叠压现象、固定压板要牢固可靠。

（2）制动器的工作弹簧、销轴、连接板和开口销齐全完好，制动器松紧适度，不得有卡塞现象。

（3）吊钩应转动灵活，钩尾固定螺母不得松动。

5. 送电后检查卷扬限制器、行程限位器、联锁开关等安全装置，动作应灵敏可靠，并进行试吊。

6. 开车前要将所有控制器手柄置于零位。鸣铃示警后方可开车。

7. 吊运作业中，司机遇到下列情况之一时，应先鸣铃，待情况允许后、方可继续作业。

（1）工件将要提升、下降，起动大、小车时。

（2）工件接近人员时。

（3）工件从可见度较差的地段通过时。

（4）工件通过的地段有人时。

8. 起重机司机必须做到“十不吊”：

（1）超过额定负荷。

（2）指挥信号不明、质量不明、光线暗淡。

（3）吊索或附件捆绑不牢。

（4）吊挂重物直接进行加工。

（5）歪拉斜挂。

（6）工件上站人，工件上摆放或有活动物件。

（7）有爆炸性的容器及物件。

（8）带棱角缺口工件未垫好，防止钢丝绳磨损或割断。

（9）埋在地下的物件。

（10）违章指挥。

9. 起重机司机应听从挂钩人员的指挥，但对任何人发出的紧急停车信号都应立即停车。

10. 起重前，先将重物吊离地面约 100 mm，进行试吊。无问题后方可正式起吊。

11. 除紧急情况外。不得对电动机采用逆转制动，如发生突然停电时，应立即将操作手柄置于停止位置。

12. 起重机在架线附近工作时，应与电车架线保持 2 m 以上的距离。

13. 起重工作完毕后，起重钩至少距地面 2 m。将小车停放在司机操作室一端。

14. 起重机司机离开起重机前，拉开隔离开关，切断吊车电源，将手动制动器锁死，使起重机可靠制动。并用锁链将吊车静止停放北端，吊车主行走部锁在北端头。

（三）塔式起重机（图 6-9）

图 6-9　塔式起重机

1. 使用前，应检查各金属结构部件和外观情况完好，空载运转时声音正常，重载试验制动可靠，各安全限位和保护装置齐全完好，动作灵敏可靠，方可作业。

2. 操作各控制器时，应依次逐步操作，严禁越挡操作。在变换运转方向时，应将操作手柄归零，待电机停止转动后再换向操作，力求平稳，严禁急开急停。

3. 设备在运行中，如发现机械有异常情况，应立即停机检查，待故障排除后方可运行。

4. 严格持证上岗，严禁酒后作业，严禁以行程开关代替停车操作，严禁违章作业和擅离工作岗位或把机器交给他人驾驶。

5. 装运重物时，应先离开地面一定距离，检查制动可靠后方可继续进行。

6. 严格执行“十不吊”的制度。

五、其他起重设备安全操作

1. 桅杆组装

（1）新桅杆组装时，中心线偏差应不大于总支承长度的1/1 000；多次使用过的桅杆，在重新组装时，每5 m长度内中心线偏差和局部塑性变形均不应大于40 mm；在桅杆全长内，中心线偏差不应大于总支承长度的1/200。

（2）组装桅杆的连接螺栓必须紧固可靠。桅杆的基础应平整坚实、不积水。

（3）桅杆的连接板、桅杆头部和回转部分等，应每年对变形、腐蚀、铆、焊或螺栓连接进行1次检查。在每次使用前也应进行检查。

（4）地锚的埋设，应与现场的土质情况和地锚的受力情况相适应。

（5）地锚坑在引出线露出地面的位置，其前面及两侧在2 m的范围内不应有沟洞、地下管道和地下电缆等。

（6）地锚引出线露出地面的位置和地下部分，应做防腐处理。

（7）地锚的埋设应平整、不积水。

2. 缆风绳应合理布置，松紧均匀。

（1）缆风绳与枪杆顶部应用卸扣或其他可靠的方法连接；与地锚的连接应牢固可靠。

（2）缆风绳越过公路或街道时，架空高度不应小于7 m。

（3）缆风绳与输电线的安全距离，应符合规定。

3. 卷扬机与支承面的安装定位，应平整牢固。

（1）卷扬机卷筒与导向滑轮中心线应对正。卷筒轴心线与导向滑轮轴心线的距离：对光卷筒不应小于卷筒长的20倍，对有槽卷筒不应小于卷筒长的15倍。

（2）钢丝绳应从卷筒下方卷入。

（3）卷扬机工作前，应检查钢丝绳、离合器、制动器、棘轮棘爪等，可靠无异常方可开始吊运。

（4）重物长时间悬吊时，应用棘爪支住。

（5）吊运中遇突然停电时，应立即断开总电源，手柄扳回零位，并将重物放下。对无离合器手控制动能的，应监护现场，防止意外事故。

4. 手拉葫芦的悬挂支承点应牢固，悬挂支承点的承载能力应与该葫芦的承重能力相适应。

5. 千斤顶

（1）千斤顶的构造，应保证在最大起升高度时，齿条、螺杆、柱塞不能从底座的筒体中脱出。

（2）齿条、螺杆、柱塞在试验载荷下不得失去稳定。

（3）当千斤顶置于与水平面成 6° 的支承面上，齿条、螺杆、柱塞在最大起升高度、顶头中心受垂直于水平面的额定载荷，并且不少于 3 min 时，各部位不得有塑性变形或其他异常现象。

（4）千斤顶使用时，不应加长手柄。

（5）千斤顶底座应平整、坚固、完整。

（6）千斤顶的支承应稳固，基础平整坚实。

（7）多台千斤顶共同使用时，各台动作应同步、均衡。

第二节　起重机械使用安全管理

一、安全工作制度

应建立起重机械安全工作制度，无论是进行单项作业还是一组重复性作业，所有起重机械作业都应遵守。起重机械在某地作业或永久固定（如在厂内或码头）的起重机械作业均应遵守此项原则。安全工作制度应向所有相关部门进行有效通报。安全工作制度应包括以下内容：

1. 工作计划。所有起重机械都应制定工作计划以确保操作安全并应将所有潜在的危险考虑在内。应由具有丰富工作经验并经指定的人员制定工作计划。对于重复性作业或循环作业，该计划应在首次操作时制定，并定期检查，确保计划内容不变。

2. 起重机械的正确选用、提供和使用。

3. 起重机械的维护、检查和检验等。

4. 制定专门的培训计划并确定明确自身职责的主管人员以及与起重机械操作有关的其他人员。

5. 由通过专门培训并拥有必要权限的授权人员实行全面的监督。

6. 获取所有必备证书和其他有效文件。

7. 在未被批准的情况下，任何时候禁止使用或移动起重机械。

8. 与起重作业无关人员的安全。

9. 与其他有关方的协作，目的是在避免伤害事故或安全防护方面达成的共识或合作关系。

10. 设置包括起重机械操作人员能理解的通信系统。

11. 故障及事故的发生应及时报告并做好记录。

12. 使用单位应根据所使用起重机械的种类、构造的复杂程度，以及使用的具体情况，建立必要的规章制度。如交接班制度、安全操作规程、绑挂指挥规程、维护保养制度、定期自行检查制度、检修制度、培训制度、设备档案制度等。

13. 使用单位应建立设备档案，设备档案应包括下列内容：

（1）起重机械出厂的技术文件。

（2）安装、大修、改造的记录及其验收资料。

（3）运行检查、维修保养和定期自行检查的记录。

（4）监督检验报告与定期检验报告。

（5）起重机械故障与事故记录。

（6）与起重机械安全有关的评估报告。

对安全作业而言，有必要保证所有的人员使用同一种语言、进行清晰的沟通。起重作业应考虑任何必要的准备，包括起重机械的场地、安装和拆卸等。

二、安全管理职责

集团公司各业务主管部门负责本系统特种设备业务及安全管理工作。各专业部门负责非运输企业涉及铁路运输本专业业务范围的特种设备专业管理，承担特种设备专业安全管理责任。履行以下职责：

1. 宣传、贯彻国家特种设备有关法律、法规、部门规章和安全技术规范及相关标准，组织制定本系统的特种设备管理办法和特种设备事故应急预案，并督促落实。

2. 明确本部门特种设备安全管理职责，指定专人负责特种设备安全管理工作。

3. 组织开展本系统特种设备安全风险研判及隐患排查治理工作，制定本系统特种设备安全风险库及管控措施，并督促落实。

4. 指导、督促本系统各使用单位制定各种类、类别特种设备的安全操作规程、安全风险管控清单、安全员守则，建立健全并落实日管控、周排查、月调度工作制度和机制。

5. 检查、指导本系统各使用单位落实特种设备有关法律、法规及标准，开展特种设备购置、安装、改造、使用、修理、化学清洗、维护保养等全过程的检查指导，纠正违规行为。

6. 检查、指导本系统各使用单位落实特种设备故障统计分析考核机制，强化设备质量安全，减少故障发生。

三、安全总监、安全员职责

1. 安全总监

安全总监是指本单位管理层中负责特种设备使用安全的管理人员，原则上由本单位主管特种设备使用安全的副职兼任，直接对本单位主要负责人负责，履行以下职责：

（1）组织宣传、贯彻特种设备有关的法律法规、安全技术规范及相关标准。

（2）组织制定本单位特种设备使用安全管理制度，督促落实特种设备使用安全责任制和日管控、周排查、月调度工作制度，组织开展特种设备安全合规管理。

（3）组织制定特种设备事故应急救援专项预案并开展应急演练。

（4）落实特种设备安全事故报告义务，采取措施防止事故扩大。

（5）对安全员进行安全教育和技术培训，监督、指导安全员做好相关工作。

（6）按照规定组织开展特种设备使用安全风险评价工作，拟定并督促落实使用安全风险防控措施。

（7）对本单位特种设备使用安全管理工作进行检查，及时向主要负责人报告有关情况，提出改进措施。

（8）接受和配合有关部门开展特种设备安全监督检查、监督检验、定期检验和事故调查等工作，如实提供有关材料。

（9）本单位投保电梯等保险的，落实相应的保险管理职责。

（10）履行特种设备安全监管部门规定和本单位要求的其他使用安全管理职责。

2. 安全员

安全员是指本单位具体负责各种类、类别特种设备使用安全的检查人员（包括本单位主管科室、车间、班组具体负责特种设备使用安全的检查人员），对本单位特种设备安全总监和主要负责人负责，履行以下职责：

（1）建立健全特种设备安全技术档案及管理台账。

（2）办理特种设备使用登记，以及办理变更登记、停用、重新启用、报废、注销等手续。

（3）组织制定各种类、类别特种设备的安全操作规程，并监督执行。

（4）组织开展特种设备作业人员安全教育和技能培训，指导和监督作业人员正确使用特种设备。

（5）落实日管控制度，对特种设备及作业情况进行日常巡检，纠正和制止违章作业行为。

（6）对特种设备维护保养过程和结果进行监督确认。

（7）编制定期检验计划，督促落实定期检验和后续整改等工作。

（8）按照规定报告特种设备事故，参加事故救援，协助进行事故内部调查和善后处理。

（9）发现特种设备事故隐患，立即进行处理，情况紧急时，可以决定停止使用特种设备，并及时报告本单位特种设备安全总监。

（10）履行特种设备安全监管部门规定和本单位要求的其他使用安全管理职责。

各使用单位应结合本单位在用各种类、类别特种设备实际，细化制定各种类、类别特种设备的安全员守则，明确各层级安全员的职责。

四、起重作业计划

所有起重作业计划应保证安全操作并充分考虑到各种危险因素。起重作业计划应由有经验的主管人员制定。如果是重复或例行操作，这个计划仅需首次制定就可以，然后进行周期性的复查，以保证没有改变的因素。起重作业计划应包括：

1. 载荷的特征和起吊方法。

2. 起重机械应保证载荷与起重机械结构之间保持符合有关规定的作业空间。

3. 确定起重机械起吊的载重量时，应包括起吊装置的质量。

4. 起重机械和载荷在整个作业中的位置。

5. 起重机械作业地点应考虑可能的危险因素、实际的作业空间环境和地面或基础的适用性。

6. 起重机械所需要的安装和拆卸。

7. 当作业地点存在或出现不适宜作业的环境情况时，应停止作业。

五、故障及事故报告

指派人员应保证坚持有效的故障及事故报告制度。该制度应包括告知指派人员，记录故障排除的结果以及起重机械再次投入使用的许可手续，还应包括及时通报以下情况：

1. 每日检查或定期检查中发现的故障。

2. 在其他时间发现的故障。

3. 不论轻重与否的突发事件或意外事件。

4. 无论何原因发生的过载情况。

5. 发生的危险情况或事故报告。

第三节 起重机械安全风险控制

一、综合管理

制定具有针对性的起重设备安全管理制度、安全岗位职责、安全操作规程及事故应急救援预案等。

（一）起重机械的安全管理措施

1. 起重机械安全管理制度

起重机械安全管理制度的项目包括司机守则，起重机械安全操作规程，起重机械维护、保养、检查和检验制度，起重机械安全技术档案管理制度，起重机械作业和维修人员安全培训、考核制度，起重机械使用单位应按期向所在地的主管部门申请在用起重机械安全技术检验及更换起重机械准用证的管理等。

2. 起重机械安全技术档案

起重机械安全技术档案的内容包括设备出厂技术文件，安装、修理记录和验收资料，使用、维护、保养、检查和试验记录，安全技术监督检验报告，设备及人身事故记录，设备的问题分析及评价记录。

3. 起重机械定期检验制度

起重机械安全定期监督检验周期为 2 年。此外，使用单位还应进行起重机械的自我检查、每日检查、每月检查和年度检查。

（1）每日检查。在每天作业前进行，应检查各类安全装置、制动器、操纵控制装置、紧急报警装置，轨道、钢丝绳的安全状况。检查中发现有异常情况时，必须及时处理，严禁“带病”运行。

（2）每月检查。检查项目包括安全装置、制动器、离合器等有无异常，其可靠性和精度是否符合要求；重要零部件（如吊具、钢丝绳滑轮组、制动器、吊索及辅具等）的状态是否正常，有无损伤，是否应报废等；电气、液压系统及其部件的泄漏情况及工作性能；动力系统和控制器等。停用 1 个月以上的起重机构，使用前也应做上述检查。

（3）年度检查。每年对所有在用的起重机械至少进行 1 次全面检查。停用 1 年以上、遇 4 级以上地震或发生重大设备事故、露天作业并经受 9 级以上风力后的起重机械，使用前都应做全面检查。

4. 作业人员的培训教育

起重作业是由指挥人员、起重机司机和司索工群体配合完成的集体作业，要求起重作业人员不仅应具备基本文化和身体条件，而且必须了解有关法规和标准，学习起重作业安全技术理论知识，掌握实际操作和安全救护的技能。起重机司机必须经过专门考核并取得合格证，方可独立操作。指挥人员与司索工也应经过专业技术培训和安全技能训练，了解所从事工作的危险和风险，并有自我保护和保护他人的能力。

（二）起重作业的安全防护

起重机械金属结构高大，司机室往往设在高处，很多设备也安装在高处结构上，因此，起重机司机的正常操作、高处设备的维护和检修以及安全检查都需要登高作业。为防止人员从高处坠落，防止高处坠落的物体对下面人员造成打击伤害，在起重机械上，凡是高度不低于 2 m 的一切合理作业点，包括进入作业点的配套设施，如高处的通行走台、休息平台、转向用的中间平台及高处作业平台等，都应予以防护。安全防护的结构和尺寸应根据人体参数确定，其强度、刚度要求应根据走道、平台、楼梯和栏杆可能受到的最不利载荷来考虑。

（三）起重作业安全操作技术

1. 吊运前的准备

吊运前的准备工作包括：

（1）正确佩戴个人防护用品，如安全帽、工作服、工作鞋和手套，高处作业还必须佩戴安全带和工具包。

（2）检查并清理作业场地，确定搬运路线，清除障碍物。室外作业要了解当天的天气预报。流动式起重机械要将支撑地面垫实、垫平，防止作业中地基沉陷。

（3）对使用的起重机械和吊装工具、辅件进行安全检查。不使用报废元件，不留安全隐患；熟悉被吊物品的种类、数量、包装状况以及与周围的联系。

（4）根据有关技术数据（如质量、几何尺寸、精密程度、变形要求等）进行最大受力计算，确定吊点位置和捆绑方式。

（5）编制作业方案。对于大型、重要物件的吊运或多台起重机械共同作业的吊装，事先要在有关人员参与下，由指挥人员、起重机司机和司索工共同讨论，编制作业方案，必要时报请有关部门审查批准。

（6）预测可能出现的事故，采取有效的预防措施，选择安全通道，制定应急对策。

2. 起重机司机安全操作要求

（1）有关人员应认真交接班，对吊钩、钢丝绳、制动器、安全防护装置的可靠性进行认真检查，发现异常情况应及时报告。

（2）开机作业前，确认处于安全状态方可开机，需确认的内容包括：所有控制器是否置于零位；起重机械上和作业区内是否有无关人员，作业人员是否撤离到安全区；起重机械运行范围内是否有未清除的障碍物；起重机械与其他设备或固定建筑物的最小距离是否在 0.5 m 以上，电源断路装置是否加锁或有警示标牌；流动式起重机械是否按要求平整好场地，支脚是否牢固、可靠。

（3）开车前，必须鸣铃或示警；操作中接近人时，应给断续铃声或示警。

（4）司机在正常操作过程中，不得利用极限位置限制器停车；不得利用打反车进行制动；不得在起重作业过程中进行检查和维修；不得带载调整起升、变幅机构的制动器，或带载增大作业幅度；吊物不得从人头顶上通过，吊物和起重臂下不得站人。

（5）严格按指挥信号操作，对紧急停止信号，无论何人发出，都必须立即执行。

（6）吊载接近或达到额定值，或起吊危险物品（如液态金属，有害物，易燃、易爆物等）时，吊运前应认真检查制动器，并用小高度、短行程试吊，确认没有问题后再吊运。

（7）起重机械各部位、吊载及辅助用具与输电线的最小距离应满足安全要求。

（8）有下列情况时，司机不应操作：起重机械结构或零部件（如吊钩、钢丝绳、制动器、安全防护装置等）有影响安全工作的缺陷和损伤；吊物超载或有超载可能，吊物质量不清、吊物被埋置或冻结在地下或被其他物体挤压；吊物捆绑不牢或吊挂不稳，被吊重物棱角与吊索之间未加衬垫；被吊物上有人或浮置物；作业场地昏暗，看不清场地、吊物情况或指挥信号；钢（铁）水过满；室外遇到6级以上大风。在操作中不得歪拉斜吊。

（9）工作中突然断电时，应将所有控制器置于零位，关闭总电源。重新工作前，应先检查起重机械工作是否正常，确认安全后方可正常操作。

（10）有主、副两套起升机构的，不允许同时利用主、副钩工作（设计允许的专用起重机械除外）。

（11）用2台或多台起重机械吊运同一重物时，每台起重机械都不得超载。吊运过程应保持钢丝绳垂直，保持运行同步。吊运时，有关负责人员和安全技术人员应在场指导。

（12）当风力大于6级时，露天作业的轨道起重机应停止作业。当工作结束时，应锚定住起重机并将挂钩固定。

3. 司索工安全操作要求

司索工主要从事地面工作，如准备吊具、捆绑挂钩、摘钩卸载等，多数情况下还担任指挥任务。司索工的工作质量与整个搬运作业安全的关系极大，其操作工序要求如下：

（1）准备吊具。对被吊物的质量和重心估计要准确，如果是目测估算，应增大20%来选择吊具；每次吊装都要对吊具认真地进行安全检查，如果是旧吊索应根据情况降级使用，绝不可侥幸超载或使用报废的吊具。

（2）捆绑被吊物。对被吊物进行必要的归类、清理和检查，被吊物不能被其他物体挤压，被埋或被冻的物体要完全挖出。切断与周围管线的一切联系，防止造成超载；清除被吊物表面或空腔内的杂物，将可移动的零件锁紧或捆牢，形状或尺寸不同的物品不经特殊捆绑不得混吊，以防止坠落伤人；被吊物捆扎部位的毛刺要打磨平滑，尖棱利角应加垫物，防止起吊吃力后损坏吊索；表面光滑的被吊物应采取措施来防止起吊后吊索滑动或吊物滑脱；吊运大而重的物体时应加诱导绳，诱导绳的长度应能使司索工既可握住绳头，同时又能避开吊物正下方，以便发生意外时司索工可利用该绳控制吊物。

（3）挂钩起钩。吊钩要位于被吊物重心的正上方，不准斜拉吊钩硬挂，防止提升后被吊物翻转、摆动。吊物高大需要垫物攀高挂钩、摘钩时，脚踏物一定要稳固垫实，禁止使用易滚动的物体（如圆木、管子、滚筒等）做脚踏物。攀高必须佩戴安全带，防止人员坠落跌伤。挂钩要坚持“五不挂”，即起重或被吊物质量不明不挂，重心位置不清楚不挂，尖利棱角和易滑工件无衬垫物不挂，吊具及配套工具不合格或报废不挂，包装松散、捆绑不良不挂，将安全隐患消除在挂钩前。当多人吊挂同一被吊物时，应由一专人负责指挥，在确认吊挂完备，所有人员都离开并站在安全位置以后，才可发起钩信号。起钩时，地面人员不应站在被吊物倾翻、坠落可波及的地方，如果作业场地为斜面，则应站在斜面上方（不可站在死角处），防止吊物坠落后继续沿斜面滚移伤人。

（4）摘钩卸载。被吊物运输到位前，应选择好安置位置，卸载时不要挤压电气线路和其他管线，不要阻塞通道。针对不同被吊物种类应采取不同措施加以支撑、垫稳、归类摆放，不得混码、互相挤压、悬空摆放，防止被吊物滚落、侧倒、塌垛。摘钩时应等所有吊索完全松弛再进行，确认所有绳索从钩上卸下再起钩，不允许抖绳摘索，更不允许利用起重机械抽索。

（5）指挥。无论采用何种指挥信号，必须规范、准确、明了；指挥者所处位置应能全面观察作业现场，并使司机、司索工都可清楚地看到。在作业进行的整个过程中（特别是重物悬挂在空中时），指挥者和司索工都不得擅离职守，应密切注意观察吊物及周围情况，如发现问题，应及时发出指挥信号。

二、使用管理

（一）对制造厂和自制、改造的要求

制造厂应对起重机械的金属结构、零部件、外购件、安全防护装置等质量全面负责。产品质量应不低于专业标准和其他有关标准的规定。

1. 起重机械制造和改造后，应按有关标准的要求试验合格。

2. 起重机械的专业制造厂，必须具备保证产品质量所必要的设备、技术力量、检验条件和管理制度。起重机械产品应经特种设备检验检测部门，监督检验合格并取得监督检验合格证书。

3. 起重机械发生重大设备事故，如确属设计、制造原因引起的，制造厂应承担责任。对产品不能满足安全要求的制造厂应吊销合格证。

（二）对使用单位的要求

使用单位应根据所用起重机械的种类、复杂程度，以及使用的具体情况，建立必要的规章制度。如交接班制度、安全技术要求细则、操作规程细则、绑挂指挥规程、检修制度、培训制度、设备档案制度等。

1. 购置。购置起重机械时，应遵守下列要求：必须在指定的并有特种设备安全监督管理部门颁发的特种设备制造许可证的专业制造厂选购；起重机械的安全、防护装置应齐全完善，并有产品合格证。

2. 设备档案。使用单位必须对本单位的起重机械、重要的专用辅具建立设备档案。设备档案内容应包括：起重机械出厂技术文件，如图纸、质量保证书、安装和使用说明

书；安装后的位置、启用时间；日常使用、保养、维修、变更、检查和试验等记录；设备、人身事故记录；设备存在的问题和评价。

3. 在起重机械的明显位置应有清晰的金属标牌，标牌应包含的内容有：起重机械名称、型号；额定起重能力；制造厂名、出厂日期；其他所需的参数和内容。

4. 起重机械无论在停止或进行转动状态下与周围建筑物或固定设备等，均应保持一定的间隙。凡有可能通行的间隙不得小于 400 mm。

5. 对司机的要求

（1）起重机司机的操作，应由下列人员进行：经考试合格的司机；司机直接监督下的学习满半年以上的学徒工等受训人员。

（2）司机应符合下列条件：年满 18 ～ 60 周岁，身体健康；无色盲；听力应满足具体工作条件要求。

（3）司机岗位职责，应掌握以下几点：所操纵的起重机械各机构的构造和技术性能；起重机械操作规程，本规程及有关法令；安全运行要求；安全、防护装置的性能；机械和电气方面的基本知识；指挥信号；保养和基本的维修知识。

（三）检验维修

1. 检验

下述情况下应对起重机械按有关标准的要求进行实验：

正常工作的起重机械，每 2 年进行 1 次检验；经过大修、新安装及改造过的起重机械，在交付使用前检验；闲置时间超过 1 年的起重机械，在重新使用前检验；经过暴风、大地震、重大事故后，可能使强度、刚度、构件的稳定性、机构的重要性能受到损害的起重机械需检验。

2. 经常性检查

应根据工作繁重、环境恶劣的程度确定检查周期，但不得少于每月 1 次。一般应包括：起重机械正常工作的技术性能，所有的安全、防护装置，线路、罐、容器阀、泵、液压或气动的其他部件的泄漏情况及工作性能，吊钩、吊钩螺母及防松装置，制动器性能及零件的磨损情况，钢丝绳磨损和尾端的固定情况，链条的磨损、变形、伸长情况，捆绑、吊挂链和钢丝绳及辅具。

3. 定期检查

应根据工作繁重、环境恶劣的程度，确定检查周期，但不得少于每年 1 次，一般应包括：在第 2 项中经常性检查的内容，金属结构的变形、裂纹、腐蚀及焊缝，铆钉、螺栓等连接情况，主要零部件的磨损、裂纹、变形等情况，指标装置的可靠性和精度，动力系统和控制器等。

4. 维修

（1）维修更换的零部件应与原零部件的性能和材料相同。

（2）结构件需焊修时，所用的材料、焊条等应符合原结构件的要求，焊接质量应符合要求。

（3）起重机械处于工作状态时，不应进行保养、维修及人工润滑。

（4）维修时，应符合下列要求：将起重机械移至不影响其他起重机械的位置，对因条件限制，不能达到以上要求时，应有可靠的保护措施，或设置监护人员；将所有的控制器手柄置于零位；切断主电源、加锁或悬挂标志牌，标志牌应放在有关人员能看清的位置。

（四）电气设备管理

1. 总要求

起重机械的电气设备必须保证传动性能和控制性能准确可靠，在紧急情况下能切断电源安全停车。在安装、维修、调整和使用中不得任意改变电路，以免安全装置失效。

2. 供电及电路

（1）供电电源。起重机械应由专用馈电线供电。对于380 V交流电源，当采用软电缆供电时，宜备有一根专用芯线做接地线；当采用滑线供电时，对安全要求高的场合也应备有一根专用接地滑线，即4根滑线。凡相电压500 V以上的电源，应符合高压供电有关规定。

（2）专用馈电线总断路器。起重机械专用馈电线进线端应设总断路器。总断路器的出线端不应连接与起重机械无关的其他设备。

（3）起重机械总断路器。起重机械上宜设总断路器，短路时，应有分断该电路的功能。在地面操作的小型单梁起重机械上可以不设总断路器。

（4）总线路接触器。起重机械上应设置总线接触器，应能分断所有机构的动力回路或控制回路。起重机械上已设总机构的空气开关时，可不设总线路接触器。

（5）控制电路。起重机械控制电路应保证控制性能符合机械与电气系统的要求，不得有错误回路、寄生回路和虚假回路。

（6）遥控电路及自动控制电路。遥控电路及自动控制电路所控制的任何机构，一旦控制失灵应自动停止工作。

（7）起重电磁铁电路。交流起重机械上，起重电磁铁应设专用直流供电系统，必要时还应有备用电源。

（8）馈电裸滑线。起重机械馈电裸滑线与周围设备的安全距离与偏差应符合规定，否则应采取安全防护措施。滑线接触面应平整无锈蚀，导电良好，安装适当，在跨越建筑物伸缩缝时应设补偿装置。供电主滑线应在非导电接触面涂红色油漆，并在适当的位置装设安全标志，或表示带电的指示灯。

（9）电线及电缆。起重机械必须采用铜芯多股导线。导线一般选用橡胶绝缘电线、电缆。采用多股单芯线时，截面积不得小于 1.5 mm^2；采用多股多芯线时，裁面积不得小于 1.0 mm^2，对电子装置、伺服机构、传感元件等能确认安全可靠的连接导线的截面积不作规定。电气室、操纵室、控制屏、保护箱内部的配线，主回路小截面积导线与控制回路的导线，可用塑料绝缘导线。港口工作的起重机械宜用船用电缆。

（10）电缆卷筒和收放装置。电缆供电的起重机械，移动距离 10 m 以上时，应设置电缆卷筒或其他收放装置。电缆收放速度与起重机械运行速度同步。

（11）电气配线。室外工作的起重机械，电线应敷设于金属管中，金属管应经防腐处理。如用金属线槽或金属软管代替，必须有良好的防雨及防腐性。室内工作的起重机械，电线应敷设于线槽或金属管中，电缆可直接敷设，在有机械损伤、化学腐蚀或油污浸蚀的地方，应有防护措施。不同机构、不同电压等级、交流与直流的导线，穿管时应分开。照明线应单独敷设。

3. 对主要电气元件的安全要求

（1）总要求。电气元件应与起重机械的机构特性、工况条件和环境条件相适应。在额定条件下工作时，其温升不应超过额定允许值。起重机械的工况条件和环境条件如有变动，电气元件应做相应的变动。

（2）自动开关。应随时清除灰尘，防止相互飞弧；并应经常检查维修，保证触头接触良好、端子连接牢固。

（3）接触器。应经常检查维修，保证动作灵活可靠，铁芯端面清洁，触头光洁平整、接触紧密，防止粘连、卡阻。可逆接触器应定期检查，确保联锁可靠。

（4）过电流继电器和延时继电器。过电流继电器和延时继电器的动作值，应按设计要求调整。不可把触头任意短接。

（5）控制器。应操作灵活，挡位清楚，零位手感明确，工作可靠。控制器的操作者，应力求减少，不得任意拆除定位元件。操作手柄或手轮的动作方向应与机械动作的方向一致。直立式手柄应设有防止因意外碰撞而使电路接通的保护装置。

（6）制动电磁铁。电磁铁的衔铁应动作灵活准确，无阻滞现象，吸合时铁芯接触面应紧密接触，无异常声响。电磁铁的行程应符合机构设计要求。电磁铁的中间气隙应符合原设计要求。

4. 电气保护装置

（1）主隔离开关。起重机械进线处宜设主隔离开关，或采取其他隔离措施。在地面操纵的小型单梁起重机械可以不设主隔离开关。

（2）紧急断电开关。起重机械必须设置紧急断电开关，在紧急情况下，应能切断起重机械总控制电源。紧急断电开关应设在司机操作方便的地方。

（3）短路保护。起重机械上宜设总断路器来实现短路保护。起重机械的机械机构由笼型异步电动机拖动时，应单独设短路保护。

（4）失压保护和零位保护。起重机械必须设失压保护和零位保护。

（5）失磁保护。直流并激、复激、他激电机，应设失磁保护。直流供电的能耗制动、涡流制动器调速系统，应设失磁保护。

（6）过流保护。每套机构必须单独设置过流保护。对笼型异步电动机驱动的机构、辅助机构可例外。三相绕线式电动机可在两相中设过流保护。用保护箱保护的系统，应在电动机第三相上设总过流继电器保护。直流电动机可用一个过流继电器保护。

（7）超速保护。铸造、淬火起重机械的主起升机构，以及用可控硅定子调压、涡流制动器、能耗制动、可控硅供电、直流机组供电调速的起重机械起升机构和变幅机构，应有超速保护。

（8）接地。

①接地的范围。起重机械金属结构及所有电气设备的金属外壳、管槽，电缆金属外皮和变压器低压侧，均应有可靠的接地。检修时应保持接地良好。

②接地的结构。起重机械金属结构必须有可靠的电气连接。在轨道上工作的起重机械，一般可通过车轮和轨道接地。必要时应另设专用接地滑线或采取其他有效措施。接地线连接宜用截面不小于 150 mm^2 的扁钢或 10 mm^2 的铜线，用焊接法连接。严禁用接地线作载流零线。

③起重电磁铁接地的要求。由交流电网整流供电的起重电磁铁，其外壳与起重机之间必须有可靠的电气连接。

④悬挂式控制按钮站接地的要求。悬挂式控制按钮站金属外壳与起重机械之间必须有可靠的电气连接。

（9）接地电阻与对地绝缘电阻。

①接地电阻。起重机械轨道的接地电阻，以及起重机械上任何一点的接地电阻均不得大于 4 Ω。

②对地绝缘电阻。主回路与控制回路的电源电压不大于 500 V 时，回路的对地绝缘电阻一般不小于 0.5 MΩ，潮湿环境中不得小于 0.25 MΩ。测量时应用 500 V 兆欧表在常温下进行。司机室地面应铺设绝缘垫。

5. 照明、信号

（1）起重机械应设正常照明及可携式照明。

（2）照明应设专用电路。电源应由起重机械主断路器进线端分接，当主断路器切断电源时，照明不应断电。各种照明均应设短路保护。禁用金属结构做照明线路的回路。单一蓄电池供电，而电压不超过 24 V 的系统除外。

（3）手提行灯应采用不大于 36 V 的双圈变压器供电，严禁采用自耦变压器。

（4）起重机司机室内照明，照度应不低于 30 ix。

（5）起重机械的机器房、电气室及机务专用电梯的照明，照度不应低于 5 ix。

（6）障碍信号灯。

总高度大于 30 m 的室外起重机械在下列情况之一时，应设置红色障碍灯：

①周围无高于起重机械顶尖的建筑物等设施时。

②有相碰可能时。

③有可能成为飞机起落飞行的危险障碍时。

障碍灯的电源不得受起重机械停机影响而断电。

（7）信号指示。起重机械应有指示总电源分合状况的信号，必要时还应设置故障信号或报警信号。信号指示应设置在司机或有关人员视力、听力可及的地点。

第四节　起重机械事故类型及典型案例

一、起重机械事故类型

（一）重物失落事故

重物失落事故是指在起重作业中，吊载物、吊具等重物从空中坠落所造成的人身伤亡和设备毁坏的事故，简称失落事故。有以下几种类型：

1. 脱绳事故。

2. 脱钩事故。

3. 断绳事故。

4. 吊钩断裂事故。

（二）挤伤事故

挤伤事故是指在起重作业中，作业人员被挤压在两个物体之间，造成挤伤、压伤、击伤等人身伤亡事故。

造成此类事故的主要原因是起重作业现场缺少安全监督指挥管理人员，现场从事吊装作业和其他作业的人员缺乏安全意识和自我保护措施，野蛮操作等。挤伤事故多发生在吊装作业人员和检修维护人员身上。挤伤事故主要有以下几种：

1. 吊具或吊载物与地面物体间的挤伤事故。

2. 升降设备的挤伤事故。

3. 机体与建筑物间的挤伤事故。

4. 机体回转挤伤事故。

5. 翻转作业中的挤伤事故。

（三）坠落事故

坠落事故主要是指从事起重作业的人员从起重机机体等高处坠落至地面的摔伤事故，也包括维修工具及零部件等从高处坠落，使地面作业人员受伤的事故。

1. 从机体上滑落摔伤事故。
2. 机体撞击坠落事故。
3. 轿厢坠落摔伤事故。
4. 维修工具及零部件坠落砸伤事故。
5. 振动坠落事故。
6. 制动下滑坠落事故。

（四）触电事故

触电事故是指从事起重操作和检修作业的人员因触电而导致人身伤亡。

1. 触电事故类型

触电事故可以按作业场合分为以下两大类型：

（1）室内作业的触电事故。

（2）室外作业的触电事故。

2. 触电安全防护措施

（1）保证安全电压。

（2）保证绝缘的可靠性。

（3）加强屏护保护。

（4）严格保证配电最小安全净距。

（5）保证接地与接零的可靠性。

（6）加强漏电触电保护。

（五）机体毁坏事故

机体毁坏事故是指起重机因超载、失稳等产生结构断裂、倾翻，从而造成结构严重损坏及人身伤亡的事故。常见机体毁坏事故有以下几种类型：

1. 断臂事故。
2. 倾翻事故。
3. 相互撞毁事故。

二、典型事故案例

某炼钢厂炉前 1 号 125 t 铸造起重机在向 1 号混铁炉兑铁水时，该起重机桥架南主梁中部突然断裂，致使整机坍塌，其南主梁和两根副梁断裂坠落在地；北主梁及东边端梁弯曲变形，但未落地，副小车掉地后冲出厂房外约 1 m；主小车掉落在两根副梁上，铁水罐及板钩均被压在吊车下面，没有发生人员伤亡。

该事故发生后，事故调查组对事故发生原因及有关情况进行了调查分析，确定主断裂面，并对主梁材料的化学成分、机械性能进行分析检验；根据当事人讲述情况和事故发生后的现场实际情况，并对各断裂部位断口进行宏观分析，确定起重机桥架南主梁下盖板中部的断裂面为主断裂面。

1. 化学分析：主断裂面下盖板钢材材质为 15 MnTi。

2. 材料性能试验结果：主梁下盖板材料各项机械性能皆符合国家技术要求。

3. 金相组织分析结果：主断裂面两端夹杂物呈分散分布，中部则呈集中分布。通过对破坏后的起重机现场取证调查分析，认为该起重机发生事故的主要原因是由于南主梁下盖板距东端梁外侧 13.1 mm 处发生疲劳断裂所致。而南主梁下盖板开裂的主要原因又是由于主梁下盖板与主梁下走台板焊接缺陷所引起的。金相组织宏观和微观分析结果表明，南主梁下盖板断裂起源于焊接接头部位。疲劳源与焊接裂纹相关，该部位正处于焊接起弧处，焊接裂纹在各种应力作用下，沿应力最大方向扩展到一定程度后，导致主梁断裂。综上，铸造起重机常采用单腹板工字梁加副桁架（或空腹梁）的主梁结构，其上下水平桁架上铺设钢板兼走台，垂直载荷主要由高而窄的工字梁承受，副桁架参与承受水平惯性力和啃道侧向力。

这种主梁概括起来有以下缺点：

①应力集中断面多。

②局部焊缝多。

③工字梁与副桁架变形不协调。

4. 事故的预防和对策。

（1）对于工作级别为 A7、A8 的冶金起重机，从设计、制造方面都要考虑主要承载金属结构的疲劳强度。

（2）桥式起重机主梁以箱型截面为好。

（3）起重量在 50 t 以上的冶金桥式起重机的主梁以宽翼缘箱型梁为好，而且主梁主腹板上方宜设量 T 形钢，以避免承轨处角焊缝出现疲劳裂纹。

复习题及参考答案

一、复习题

（一）判断题

1. 室内作业的门式起重机、塔式起重机以及门座起重机，必须安装可靠的防风夹轨器和锚定装置。（ ）

2. 按照《特种设备目录》，起重机械是指用于垂直升降或者垂直升降并水平移动重物的机电设备。（ ）

3. 额定起重量大于或等于 3 t 的升降机才属于特种设备监管的范围。（ ）

4. 额定起重力矩大于或等于 40 t · m 的塔式起重机才属于特种设备监管的范围。（ ）

5. 生产率大于或等于 300 t/h 的架桥机才属于特种设备监管的范围。（ ）

（二）单选题

1. 引起起重机事故的原因是（ ）。

A. 起重机的不安全状态

B. 相关人员的不安全行为

C. 起重机的不安全状态和相关人员的不安全行为

D. 起重机的不安全状态或相关人员的不安全行为

2. 起重机最容易发生触电事故的部位是（ ）。

A. 司机室　B. 电气室　C. 司机室或电气室　D. 带电的金属部位

3. 起重机馈电裸滑线距离地面高度应大于（ ）m。

A. 2　B. 3.5　C. 4　D. 6

4. 起重机馈电裸滑线距离汽车通道高度应大于（ ）m。

A. 2　B. 3.5　C. 4　D. 6

5. 安装属于特种设备的起重机械前，安装单位应当按照规定向设备（ ）履行告知手续。

A. 施工所在地的人民政府　B. 施工所在地的特种设备监督管理部门

C. 制造单位　D. 施工所在地的特种设备检验机构

6. 起重机械重大修理更换的主要零部件应当符合（ ）的技术要求。

A. 设计文件　B. 原制造单位

C. 未经原制造单位认可的设计文件　D. 设计文件和原制造单位

7. 起重机械使用单位应当（　）建立特种设备安全与节能技术档案。

A. 逐台　　B. 统一　　C. 按需要　　D. 按比例

8. 使用单位应当建立起重机械安全技术档案。起重机械安全技术档案应当不包括（　）内容。

A. 日常使用状况记录　　B. 日常维护保养记录

C. 运行故障和事故记录　　D. 工作量

9. 额定起重量大于或等于（　）且提升高度大于或等于 2 m 的起重机械属于特种设备监管范围。

A. 2.5 t　　B. 3 t　　C. 4 t　　D. 2 t

10. 下列哪一类起重机械的定期检验为每年一次？（　）。

A. 机械式停车设备　　B. 施工升降机

C. 门式起重机　　D. 桅杆式起重机

二、参考答案

（一）判断题

1.×　　2. √　　3. ×　　4. √　　5. ×

（二）单选题

1.D	2.D	3.B	4.D	5.B
6.D	7.A	8.D	9.B	10.B

第七章　大型游乐设施

随着我国人民生活水平的不断提升，大型游乐设施逐渐成为人们娱乐的一大选择。游乐设施属于特种设备，国家也相继出台了一系列法规标准来规范大型游乐设施的设计、制造、检验、使用、改造、修理等，但由于我国大型游乐设施行业属于新兴行业，发展时间不长，在很多方面需要完善和规范。

第一节　大型游乐设施基础知识

一、大型游乐设施基本概念

大型游乐设施是指用于经营目的、承载乘客游乐的设施，其范围规定为设计最大运行线速度大于或等于 2 m/s，或者运行高度距地面高于或等于 2 m 的载人大型游乐设施。用于体育运动、文艺演出和非经营活动的大型游乐设施除外。

二、大型游乐设施的分类及常见设施

根据《特种设备目录》，大型游乐设施分为 13 类，即：观览车类、滑行车类、架空游览车类、陀螺类（图 7-1）、飞行塔类、转马类、自控飞机类、赛车类、小火车类、碰

图 7-1　陀螺类游乐设施

碰车类、滑道类、水上游乐设施（峡谷漂流系列、水滑梯系列、碰碰船系列）、无动力游乐设施（蹦极系列、滑索系列、空中飞人系列、系留式观光气球系列）。

根据《大型游乐设施安全技术规程》TSG 71—2023，大型游乐设施按照相应的类别、型式和参数分为 A 级和 B 级，具体见表 7-1。

表 7-1　大型游乐设施分类分级

分类	类别	型式	级别	
			A 级	B 级
滑行和旋转类	观览车类	有主轴摩天轮型	设备高度≥ 50 m， 或者单舱承载人数≥ 38 人	其他
		无主轴摩天轮型		
		摆锤型		
		遨游太空型		
		时空穿梭型		
		飞毯型		
		摩天环车型		
		其他型式观览车类		
	陀螺类	陀螺系列	倾角≥ 70°， 或者回转直径≥ 12 m	其他
		其他型式陀螺类		
	飞行塔类	旋转飞椅系列	运行高度≥ 30 m， 或者承载人数≥ 40 人	其他
		青蛙跳系列		
		探空飞梭系列		
		观览塔系列		
		其他型式飞行塔类		
	转马类	转马系列	均为 B 级	
		转转杯系列	回转直径≥ 14 m， 或者承载人数≥ 90 人	其他
		旋转快车系列		
		其他型式转马类		
	自控飞机类	自控飞机系列	回转直径≥ 14 m， 或者承载人数≥ 40 人	其他
		章鱼系列		
		其他型式自控飞机类		
	滑行车类	单车滑行车系列	运行速度≥ 50 km/h， 或者轨道高度≥ 10 m	其他
		多车滑行车系列		
		激流勇进系列		
		弯月飞车系列		
		其他型式滑行车类		
		轨道滑管	均为 B 级	
	架空游览车类	电力单双轨列车系列	轨道高度≥ 10 m， 或者单车（列）承载人数≥ 40 人	其他
		脚踏车系列		
		其他型式架空游览车类		

续上表

分类	类别	型式	级别	
			A 级	B 级
滑行和旋转类	滑道类	管轨式滑道	滑道长度≥ 800 m	其他
		槽式滑道		
		电动滑道		
游乐车辆	赛车类	赛车系列	均为 B 级	
	小火车类	内燃机驱动小火车系列	均为 B 级	
		电力驱动小火车系列		
	碰碰车类	碰碰车系列	均为 B 级	
水上游乐设施	水上游乐设施	峡谷漂流系列	均为 B 级	
		水滑梯系列		
		碰碰船系列		
无动力游乐设施	无动力游乐设施	蹦极系列	均为 B 级	
		滑索系列		
		空中飞人系列		
		系留式观光气球系列		

第二节 大型游乐设施使用安全管理

一、大型游乐设施使用单位的管理

大型游乐设施使用单位建立安全使用管理体系，建立健全相关的管理制度，实行规范化管理。同时制定以岗位安全责任制为核心的游乐设施使用和运营的安全管理制度，确保职责到位。建立安全使用管理组织（机构），配置专职安全管理人员。大型游乐设施安全管理人员和作业人员应参照《大型游乐设施安全管理人员和作业人员考核大纲》TSG Y6001—2008 的有关规定，经考核合格，持证上岗。

二、大型游乐设施的设备管理

1. 应对游乐设施的选购、安装、运营、维护保养、维修、改造、报废等全过程进行管理，并建立各环节的技术状态跟踪记录档案，适时进行安全评估，形成书面安全评价报告。

2. 游乐设施选购前应对设备供应厂商进行调研，如：考察制造单位的生产许可资质、生产条件、技术水平、质量管理体系是否健全；考察安装单位的许可资质、技术水平、质量管理体系是否健全；考察同类型产品使用的安全状况。

3. 应按照产品使用及维护说明书制定相应的操作规程。

4. 应制定并严格执行游乐设施的维护保养制度，对出现故障的游乐设施要认真分析故障原因，找出故障源，确认故障排除后方可运行。

5. 对超过整机设计使用期限仍有维修、改造价值的大型游乐设施，应委托原制造单位或取得相应资格的制造单位进行评估，实施维修、重大维修或改造工作后，确定继续使用的期限和使用条件。

6. 对超过整机设计使用期限，经原制造单位或取得相应资格的制造单位评估，其评估结果表明存在严重事故隐患，且无改造、维修价值时，应予以报废，并办理相关的注销手续。

7. 大型游乐设施运行的环境及天气条件，应符合国家标准的规定。应根据设备运行的状态、性能以及周边的环境，确定重点监控的位置。

8. 水上游乐设施运行的水质标准，应符合国家标准的规定。

9. 应建立严格的技术档案管理制度，按规定保管，专人管理，及时归档。技术档案应完整、准确，并具有可追溯性。技术档案的主要内容包括：

（1）安装技术资料。

（2）监督检验报告。

（3）使用登记表。

（4）改造、维修技术文件。

（5）年度自行检验的记录。

（6）定期检验报告。

（7）应急救援演练记录。

（8）运行、维护保养、设备故障与事故处理记录。

（9）作业人员培训、考核和证书管理记录。

（10）法律法规规定的其他内容。

三、安全管理相关人员职责

1. 安全管理负责人职责

安全管理负责人是负责本单位游乐设施安全使用的高层管理人员，其职责为：

（1）组织开展游乐设施安全使用管理工作，确保安全管理体系的建立、实施和改进。

（2）确定本单位各部门的安全管理职责与权限，保证相互之间的沟通与协调。

（3）组织制定游乐设备安全管理体系等相关文件。

（4）批准、发布本单位的各项安全管理规章制度和设备的安全技术规程。

（5）组织开展设备安全技术研究工作，推广先进的安全技术和管理方法。

（6）定期召开设备安全专题会议，及时研究和解决有关安全问题。

（7）组织相关人员对设备的安全隐患进行识别、分析和控制。

（8）组织游乐设施应急预案的制修订。

（9）审定重大灾害事故的预防和处理方案，指挥突发事件或事故的处理、调查和报告等工作。

（10）传达、贯彻有关游乐设备安全的法律、法规、技术规范及标准。

（11）监督检查有关人员的安全教育与考核计划。

2. 安全管理人员职责

安全管理人员是从事游乐设施安全管理的专职人员，其职责为：

（1）监督并执行安全管理制度。

（2）依据产品使用维护说明书的要求，编制各游乐设备安全操作规程。在操作规程中应明确运行过程中紧急情况的操控程序、一次运营周期全过程的操控程序。

（3）编制作业人员及相关运营服务人员的安全培训考核计划并组织实施。

（4）确定维护保养项目和日常检查项目，编制定期维修计划及大修计划，并组织实施。

（5）对游乐设施的日常安全运行情况进行检查，及时纠正违章行为。

（6）对基础施工、安装过程、自检调试等过程进行监督，全面了解新安装设备的有关情况。

（7）编制紧急救援演习制度，组织紧急救援演习。

（8）设备发生故障和异常时，进行全面检查。

（9）发生事故时，按规定及时上报。

（10）定期组织相关人员学习法规、标准。

3. 操作人员职责

操作人员指具体从事游乐设施操作的人员，其职责为：

（1）熟悉设备、设施性能，按时进行设备的日常检查、维护保养。

（2）严格遵守操作规程，保障设备的正常运行。

（3）作业过程中发现事故隐患或其他不安全因素，应立即向现场安全管理人员和单位有关负责人报告。

（4）严格执行单位的规章制度及设备管理的规定。

（5）主动宣传“游客须知”，对违反安全规定的游客要耐心劝阻，坚决制止违禁行为。

（6）认真填写设备运行记录。

四、技术档案管理相关规定

1. 使用单位逐台建立游乐设备档案

（1）设备的随机文件。如设计文件、制造单位的资质文件、产品质量合格证明、使用维护说明书等出厂随机文件。

（2）安装验收文件。如安装技术文件、验收资料（包括基础施工工程、安装施工、自检和调试及试运行等资料）。

（3）游乐设施注册登记表及其相关附件、资料。

（4）日常运行、维修、保养和常规检查记录。

（5）安全附件、安全保护装置、测量调控装置及有关附属仪器仪表的维护保养记录。

（6）大修、改造技术文件与验收资料。

（7）定期自行检查的记录。

（8）运行故障和事故记录。

（9）设备维修资料及记录。

（10）定期检验报告与合格证书。

（11）年度维修计划及落实情况资料。

（12）应急措施及救援演习情况记录。

2. 证书的管理内容

（1）建立个人证书台账。

（2）建立证书审查规定，确保证书的有效性。

（3）离职人员应于离职当天，即取消在本单位的设备操作资格，并记录存档。

（4）证书不应转借、涂改或买卖。

第三节　大型游乐设施安全风险控制

一、日常运营时的安全风险控制

在日常运营大型游乐设施时，操作人员应做到以下要求。

（一）每日运营前

进行安全检查前将“正在检修，严禁操作”的告示牌挂在控制台上，将“此项目正在检修，暂停接客”的告示牌挂在入口处。检查的内容应结合设备运行特点进行，至少应包括：

1. 一般情况的观察检查

（1）从外部观察是否有变形、龟裂、折损。

（2）各种轴承的供油、注油情况是否良好。

（3）各种开关及方向盘是否在规定的位置上。

（4）旋转部分的动作是否良好。

（5）是否有异常的臭味及声音。

（6）油、气压装置是否漏油、漏气。

2. 电动机检查

（1）地脚螺栓有无松动。

（2）有无异常声响。

（3）温升是否正常。

（4）满载时运行是否良好。

3. 安全带检查（图 7-2）

（1）固定是否牢固。

（2）有无断裂现象。

（3）锁扣是否灵活可靠。

图 7-2 安全带

4. 安全杠检查

（1）动作是否灵活可靠。

（2）锁紧是否可靠。

（3）有无损坏现象。

5. 吊厢门检查

（1）开关是否灵活。

（2）两道锁紧装置是否可靠（图 7-3）。

（3）有无损坏现象。

图 7-3 两道锁紧装置

检查完毕后，空机试运行 2 次以上，确认一切正常才能接待游客。

（二）每日运营中

1. 提示游客在游乐中途请勿站立，请勿解开安全带，请照顾好自己的小孩，小孩坐内侧、大人坐外侧等注意事项，并逐一为游客检查和扣好安全带。

2. 游乐设施运行时，操作人员严禁离开岗位，应该集中精神、注视全场、认真操作，利用广播向游客介绍游乐的方法。

3. 游乐设施运转过程中，要密切注视游客动态，发现有不安全因素应及时用广播等方法进行制止，有必要时要采用“急停”措施。

4. 游客较多、游乐机械运转时间长的情况下，在每天运营到一定的时间，应暂停接客一段时间（10 ～ 15 min），检查油温、压力、牵引（链条、牵引带）等部位的情况，确认一切正常，无任何反常现象，再重新开始接待客人。

（三）每日运营后

1. 先关闭空气压缩机电源，再切断总电源开关。

2. 打开所有压缩机缸底，排掉剩气。

3. 认真检查所属范围内有无遗留火种，如发现有火种应及时扑灭。

4. 做好班后“六关一防”工作。

二、周期性安全检查

使用单位应规定周检、月检、年检等不同周期的检查项目，组织人员实施并做好相关记录，给出安全评价意见。游乐设施运行期间，应安排相关人员对游乐设施的运行状况进行必要的巡查，确保安全。

（一）周检

周检项目除日检项目外，还应检查并确认以下内容。

1. 各种安全装置或部件有效。

2. 动力装置、传动和制动系统正常。

3. 润滑油量足够，冷却系统正常。

4. 绳索、链条及吊辅具等无超过标准规定的损伤。

5. 控制电路与电气元件正常。

6. 备用电源正常。

7. 水上游乐项目还需增加：

（1）水滑梯法兰紧固件无松动和漏水现象。

（2）供水、供电系统应处于良好的工作状态。

（3）做好漏电保护装置试验，对安全栅栏和平台栏杆进行检查。

（二）月检

月检的项目除周检项目外，还应检查和确认以下内容：

1. 传动装置的检查

（1）传动轴、联轴器、齿轮、链条、链轮、钢丝绳、带轮、三角带、输送带等部件传动平稳、张紧适度、连接牢固、润滑良好。

（2）液压与气动系统正常，压力输出达到额定值；油箱、气罐、阀件、管道连接牢固，油管无老化，系统无渗漏。泵（马达）、阀件、管路、油箱、压力容器等部件符合国家规定。

2. 重要连接部位，重要受力部位结构（部）件的连接牢固；减速器、耦合器、轴承座等固定牢固，温升正常，润滑良好。

3. 轨道、轨枕和立柱无异常晃动、严重锈蚀、变形及裂纹等现象。

4. 座舱与车辆的检查

（1）车体、舱体、吊箱、金属框架无裂纹、腐蚀和损坏，舱内无尖锐突出物。

（2）安全扶手完好，防护材料齐全，座椅连接与固定牢固可靠。

（3）可供乘人操作的车辆（如小赛车、电池车等），其刹车和转向（包括后制动装置）灵活，无卡滞现象。

（4）车辆的驱动部分、传动部分及车轮的覆盖物，保持完好。

（5）燃油油箱密封良好，无泄漏现象。

5. 玻璃钢件符合国家规定，应无裂纹、破损及毛刺现象。

6. 电气系统检查

（1）绝缘电阻、接地电阻符合国家标准要求。

（2）控制系统（自动控制、连锁控制和维修模式）正常。

（3）电压、电流在额定范围。

（4）音响效果良好，信号显示应齐全。

（5）安装在水泵房、游泳池等潮湿场所的电气设备及使用非安全电压的装饰、照明等设备，装有剩余电流动作保护装置，其技术条件应符合国家标准规定。

7. 水上游乐设施的月检除周检的项目外，还应检查和确认以下内容：

（1）水滑梯塔楼、平台、钢支撑、地脚螺栓无异样。

（2）造浪池、漂流河地面、侧壁无剥落或瓷砖脱落现象。

（三）年检

在用的游乐设施，应每年进行 1 次全面检查，并做好相应的记录。应依据监督检验的项目和设备使用的状况，以及设备制造厂对年度检修的要求，制定年度检修方案。

水上游乐设施的年检应在每年的营业季开始前或监督检验前进行，年检的项目除月检的项目外，还应包括钢结构焊接质量的目测、钢结构的防腐检查，以及所有结构件的紧固检查。

（四）其他

除开展日检、月检、年检外，还应有节假日与旺季检查、巡检。

考虑到节假日与旺季游乐人员较多，应检查和确认以下内容：

1. 应急救援设备配置齐全，随时可用。
2. 内燃机用油保持至规定的范围，每天确认油面高度处于油标限定的范围，并及时加油。
3. 蓄电池密封良好、无渗漏，连接固定良好。
4. 使用蓄电池存电充足，满足应急救援工况的需要。
5. 周围防护措施和栏杆应安全可靠。

三、应急处置

大型游乐设施在运营过程中，有时会出现突发性的设备和人身事故，当事故发生或将要发生时，操作人员和服务人员必须沉着冷静，采取紧急措施进行处理，以减轻事故造成的损害，下面举例说明在游乐设施出现紧急情况时，应采取的措施。

（一）游乐设施运营过程中发现有乘客发生触电事故应急处置措施

1. 立即断开机器电源总开关。
2. 停止运营、保护现场。
3. 将触电人员转移到合适的位置。
4. 采取必要的人工呼吸等急救措施。
5. 迅速通知上级及医疗单位，协助将伤者送医救治。
6. 保护好现场，做好事故经过的记录。

（二）游乐设施运行过程中发生人员伤亡事故应急处置措施

1. 紧急停止游乐设施运行并关闭电源开关。

2. 挂牌暂停运营。

3. 协助将伤者送医院救治。

4. 通知上级相关部门。

5. 保护好现场，做好事故经过记录。

（三）自控飞机类游乐设施应急处置措施

1. 当座舱的平衡拉杆出现异常，座舱倾斜及底座舱某处出现断裂情况时，应立即停机使座舱下降，同时通过广播告诉乘客紧握扶手。

2. 当游乐设施运行中突然停电时，座舱不能自动下降，服务人员应迅速打开手动阀门泄油（液压升降系统），将高空的乘客降到地面。当游乐设施停止旋转后，座舱不能自动下降，亦可采用此办法将乘客降到地面。

3. 当游乐设施运行中出现异常振动、冲击和声响时，须立即按动紧急事故按钮，切断电源，将乘客疏散，经过检查排除故障后，方可重新开机。

（四）观览车类游乐设施应急处置措施

1. 当乘客上升过程中产生恐惧时，要立即停车使转盘反转，将恐惧的乘客尽快疏散下来，避免出现意外。

2. 当吊厢门未锁好时，要立即停车并反转，服务人员将两道门均锁紧后再开机。

3. 当运转中突然停电时，要及时通过广播向乘客说明情况，让乘客放心等待，立即采用备用电源（内燃机）或采用手动卷扬机构转动转盘将乘客逐个疏散下来。

（五）转马类游乐设施应急处置措施

1. 当运行中有乘客不慎从马上掉下来时，服务人员要立即提醒乘客不要下转盘，否则会发生危险，并立即停止运行。

2. 当有人将脚插进转盘与站台间隙中间时，要立即停车。

（六）陀螺类游乐设施应急处置措施

1. 当升降大臂不能下降时，先停机，确认无其他机械故障后，方可手动打开放油阀，使大臂徐徐下降。

2. 当吊椅（双人飞天）悬挂轴断裂时，因有钢丝绳保险设施，椅子不会掉下来，但要立即告诉乘客抓紧扶手，同时紧急停车，将吊椅慢慢降下。

（七）滑行车类游乐设施应急处置措施

1. 正在向上提升的滑行车，若设备或乘客出现异常情况，按动紧急停车按钮，停止运行，然后将乘客从安全走道疏散下来。

2. 如果滑行因故障停在提升段的最高点上（车头已经过了最高点），应将乘客从车头开始，依次向后进行疏散，注意严禁从车尾开始疏散，否则滑行车可能会因车头重而向前滑移，造成事故。

（八）小赛车类游乐设施应急处置措施

1. 当小赛车冲撞周围防护栏阻挡物翻车时，操作人员应立即赶到翻车地点，并采取相应救护措施。

2. 小赛车进站不能停车时，服务人员应立即上前，扳动后制动器的拉杆，协助停车，以免进站冲撞等候的其他车辆和乘客。

3. 车辆出现故障，当操作人员在场中跑道内排除故障时，站台严禁再次发车，以免发生冲撞意外。故障不能马上排除时，要及时将车辆移到跑道外面。

（九）碰碰车类游乐设施应急处置措施

1. 车的激烈碰撞使乘客胸部或头部碰到方向盘而受伤时，操作人员要立即按下停止按钮，采取相应救护措施。

2. 突然停电时，操作人员要切断电源总开关，并将乘客疏散到场外。

3. 乘客触电时，要进行急救。

第四节　大型游乐设施事故类型与分析

一、自控飞机类游乐设施

1. 当座舱的平衡拉杆出现异常，座舱倾斜或座舱某处出现断裂情况。

（1）后果：座舱坠落，乘客伤亡。

（2）原因：拉杆及受力部件强度不够或腐蚀严重。

（3）预防措施；必须购置有特种设备制造许可证的设备，加强设备检查。

2. 游乐设施运行中突然断电时，座舱不能自动下降。

（1）后果：乘客乘坐的座舱悬在空中；产生惊慌、惶恐心理。

（2）原因：设备故障造成停电。

（3）预防措施：加强设备维护保养和维修工作。

3. 游乐设施运行中，出现异常振动、冲击和声响。

（1）后果：乘客有可能被抛摔出乘坐的座舱；产生惊慌、惶恐心理。

（2）原因：设备运行故障或者违章操作。

（3）预防措施：加强设备维护保养和维修工作并严格遵守操作规程。

二、观览车类游乐设施

1. 乘客上机产生恐惧。

（1）后果：乘客产生惊慌、惶恐心理，有可能从观览车跳车。

（2）原因：乘客心理恐惧。

（3）预防措施：加强乘客心理疏导。

2. 吊箱门未锁好。

（1）后果：乘客被抛出吊厢。

（2）原因：违章操作。

（3）预防措施：严格遵守操作规程。

三、转马类游乐设施

1. 乘客不慎从马上掉下来。

（1）后果：乘客有可能被转马设备撞伤。

（2）原因：乘客未遵守乘坐转马类设备规定。

（3）预防措施：加强乘客乘坐规定宣讲和提醒。

2. 有人将脚插进转盘与站台的间隙之中。

（1）后果：乘客的脚有可能被转马设备撞伤或骨折。

（2）原因：乘客未遵守乘坐转马类设备规定。

（3）预防措施：加强乘客乘坐规定宣讲和提醒。

四，陀螺类游乐设施

1. 升降大臂不能下降。

（1）后果：乘客乘坐的座舱悬在空中；产生惊慌、惶恐心理。

（2）原因：设备故障造成停电。

（3）预防措施：加强设备维护保养和维修工作。

2. 吊椅悬挂轴断裂。

（1）后果：如果装有钢丝绳保险装置，椅子不会掉下来，否则吊椅坠落，乘客伤亡。

（2）原因：悬挂轴及受力部件强度不够或腐蚀严重。

（3）预防措施；必须购置有特种设备制造许可证的设备，加强设备检查。

五、滑行车类游乐设施

1. 正在向上拖动着的滑行车，设备或乘客出现异常情况。

（1）后果：乘客被抛出滑行车。

（2）原因：设备故障。

（3）预防措施：加强设备维护保养和维修。

2. 滑行车因故停在拖动斜坡的最高点。

（1）后果：乘客被抛出滑行车。

（2）原因：设备故障。

（3）预防措施：加强设备维护保养和维修。

六、小赛车类游乐设施

1. 小赛车冲撞抵挡物翻车。

（1）后果：乘客被抛出小赛车。

（2）原因：游乐设备管理单位未按照相关规定，清理抵挡物或者需要设置的抵挡物不符合要求。

（3）预防措施：游乐设备管理单位按照相关规定，清理抵挡物，如果需要设置抵挡物，则必须符合要求。

七、碰碰车类游乐设施

1. 车的激烈碰撞使乘客的胸部或者头部碰到方向盘而受伤。

（1）后果：乘客的胸部或者头部受伤。

（2）原因：碰碰车防撞装置失灵或不符合要求。

（3）预防措施：及时对车辆进行检查和整改。

2. 乘客触电。

（1）后果：乘客触电身亡。

（2）原因：电源或者碰碰车不符合电气设备安全要求。

（3）预防措施：及时对电源和车辆进行检查和整改。

复习题及参考答案

一、复习题

（一）判断题

1.《特种设备目录》所指的大型游乐设施，其设计最大运行线速度的范围规定为大于或等于2 m/s，且运行高度规定为距地面高于或等于2 m。（ ）

2. 观览车类游乐设施的特点是乘人部分绕水平轴回转。（ ）

3. 按照《特种设备目录》，大型游乐设施监督管理范围，包括用于体育运动、文艺演出的和个人所有的大型游乐设施。（ ）

4. 按照《特种设备目录》，峡谷漂流系列属于无动力游乐设施。（ ）

5. 在游乐设施中的乘人部分包括游客乘坐的吊舱（厢）、座舱（厢）、座椅、车厢等。（ ）

（二）单选题

1. 在国家法定节假日或举行大型群众性活动前，运营使用单位应当对大型游乐设施进行（ ），并加强日常检查和安全值班。

A. 全面检查维护 B. 运行检查 C. 日常检查 D. 重点检查

2. 根据《大型游乐设施安全技术规程》TSG 71—2023的规定，运营使用单位应当在大型游乐设施的入口处等显著位置张贴（ ），注明设备的运动特点、乘客范围、禁忌事项等。

A. 乘客须知 B. 安全注意事项 C. 安全警示标志 D. 以上都是

3. 激流勇进属于哪类游乐设施（ ）。

A. 观览车类 B. 滑行类 C. 水上游乐设施类 D. 陀螺类

4. 游乐过程中如发现有游客发生触电事故，应采取的步骤：（ ）。①迅速通知上级及医疗单位；②采取必要的人工呼吸等急救措施；③将触电人员转移到合适位置；④立即断开机台电源总开关。

A. ①-②-③-④ B. ①-③-②-④

C. ④-③-②-① D. ①-③-④-②

5. 大型游乐设施的修理、重大修理应当按照安全技术规范和（ ）要求进行。

A. 标准 B. 自检报告 C.使用维护说明书 D. 企业标准

6. 大型游乐设施改造竣工后，施工单位应当装设符合要求的铭牌，并在验收后（　）日内将符合要求的技术资料移交运营使用单位存档。

A. 10　　B. 15　　C. 30　　D. 60

7.《特种设备目录》所指的大型游乐设施，其最大运行线速度范围为大于或等于（　）m/s。

A. 1　　B. 2　　C. 3　　D. 4

8.《特种设备目录》所指的大型游乐设施，其运行高度范围为距地面高于或等于（　）m。

A. 1　　B. 2　　C. 3　　D. 4

9. 由乘客操作的电器开关应采用不大于（　）V 的安全电压，如无法满足要求时必须采取必要的措施，以确保人身安全。

A. 12　　B. 24　　C. 36　　D. 50

10. 安全压杠在游乐设施停止运行前应始终处于（　）状态。

A. 打开　　B. 压紧　　C. 锁定　　D. 半锁定

二、参考答案

（一）判断题

1. ×　　2. √　　3. ×　　4. ×　　5. √

（二）单选题

1.A　　2.D　　3.C　　4.C　　5.C

6.C　　7.B　　8.B　　9.B　　10.C

第八章　客运索道

客运索道是指用于运送“旅客”的索道，有往复式索道和循环式索道两类，前者在线路支架两侧的承载索上各挂一个载客车厢，由一条或两条牵引索牵引源线路往复运行；后者在线路支架两侧的钢丝绳上，等距离各挂若干个载客车厢或吊椅，由驱动机带动钢丝绳循环运行。

第一节　客运索道基础知识

一、客运索道基本概念

客运索道，是指动力驱动，利用柔性绳索牵引箱体等运载工具运送人员的机电设备，包括客运架空索道、客运缆车、客运拖牵索道等（图 8-1）。非公用客运索道和专用于单位内部通勤的客运索道除外。

图 8-1　客运索道

二、客运索道的分类

（一）按支持及牵引方式

1. 单线式：使用一条钢索，同时支持吊车的质量及牵引吊车或吊椅，如图 8-2 所示。

2. 复线式：使用多条钢索，其中用作支持吊车质量的一条或两条钢索是不会动的，其他钢索则负责拉动吊车，如图 8-3 所示。

图 8-2　单线式客运索道

图 8-3　复线式客运索道

（二）按行走方式

1. 往复式：索道上只有一对吊车，当其中一辆上山时，另一辆则下山。两辆车到达车站后，再各自向反方向行走。往复式吊车的每辆载客量一般较多，每辆可达 100 人，且爬坡力较强，抗风力亦较好。往复式客运索道的速度可达 8 m/s。

2. 循环式：索道上有多辆吊车，拉动的钢索为一个无极的圈，套在两端的驱动轮及迂回轮上。当吊车或吊椅由起点到达终点后，经过迂回轮回到起点循环。循环式客运索道还可以细分为固定抱索式和脱挂式。

第二节　客运索道使用安全管理

一、客运索道使用单位管理

客运索道使用单位应依据《客运索道使用管理》GB/T 41094—2021，建立、健全本单位客运索道安全责任制度，加强客运索道安全管理，确保客运索道使用安全。使用单位应根据本单位客运索道的类型、用途、数量等情况，设置承担客运索道安全管理职责的内设机构，即安全管理机构，并落实安全管理责任人。安全管理责任人、安全管理员、作业人员均须持证上岗。

二、客运索道设备管理

（一）使用登记

1. 在客运索道投入使用前或者投入使用后30日内，使用单位应向负责特种设备安全监督管理的部门办理使用登记，取得使用登记证书。登记标志应置于客运索道进站口的显著位置。

2. 客运索道改造、达到设计使用年限继续使用、变更使用单位或者使用单位更名后，相关使用单位应向登记机关申请变更登记。

3. 客运索道拟停用1年以上的，使用单位应采取有效的保护措施，并且设置停用标志，在停用后30日内向登记机关办理告知手续。重新启用时，使用单位应进行自行检查，向登记机关办理启用手续；超过定期检验有效期的，应按照定期检验的有关要求进行检验。

4. 存在严重事故隐患或者无改造、修理价值的客运索道，应及时予以报废。产权单位应采取必要措施消除该客运索道的使用功能。客运索道报废时，相关使用单位应向登记机关办理报废手续，并且将使用登记证书交回登记机关。

（二）安全技术档案

使用单位应逐台建立客运索道安全技术档案，安全技术档案应至少包括以下内容：

1. 使用登记证。
2. 特种设备使用登记表。
3. 客运索道设计、制造技术资料和文件，应符合国家要求。
4. 客运索道安装、改造、修理技术资料和文件，应符合国家要求。
5. 客运索道定期自行检查记录（报告）和定期检验报告。
6. 客运索道日常使用状况记录。
7. 客运索道及其附属仪器仪表维护保养记录。
8. 客运索道安全保护装置校验、检修、更换记录和有关报告。
9. 客运索道运行故障和事故记录及事故处理报告。

使用单位应在客运索道使用现场保存规定的资料，以便备查。其中1～4项资料须永久保存，5～9项资料至少保存3年。

（三）定期检验

1. 使用单位应根据客运索道的下次检验日期在检验有效期届满的1个月以前，向客运索道检验机构提出定期检验申请。

2. 使用单位应做好定期检验相关的准备工作，按照安全技术规范的要求自检合格，并出具自检报告。

3. 定期检验结论为合格时，使用单位应按照检验结论确定的参数使用客运索道。

4. 使用单位应将定期检验标志置于客运索道进站口的醒目位置，便于乘客查看。

5. 使用单位不应使用未经检验、超出下次检验日期或者检验不合格的客运索道。

6. 使用单位应按照安全技术规范的要求向客运索道检验检测机构及其检验检测人员提供客运索道相关资料和必要的检验检测条件，并对资料的真实性负责。

三、安全管理相关人员职责

（一）安全管理负责人

使用单位应配备安全管理负责人。安全管理负责人是指使用单位最高管理层中主管本单位客运索道使用安全管理的人员，应取得相应的特种设备安全管理人员资格证书。安全管理负责人职责如下：

1. 协助主要负责人履行本单位客运索道安全的领导职责，确保本单位客运索道的安全使用。

2. 宣传、贯彻《中华人民共和国特种设备安全法》以及有关法律、法规、规章和安全技术规范。

3. 组织制定本单位客运索道安全管理制度，落实客运索道安全管理机构设置、安全管理员配备。

4. 组织制定客运索道事故应急专项预案，并且定期组织演练。

5. 对本单位客运索道安全管理工作实施情况进行检查。

6. 组织进行隐患排查，并且提出处理意见。

7. 当安全管理员报告客运索道存在事故隐患应停止使用时，立即做出停止使用客运索道的决定并且及时报告本单位主要负责人。

（二）安全管理员

使用单位应根据本单位客运索道的数量、特性等配备适当数量的专职安全管理员。安全管理员是指具体负责客运索道使用安全管理的人员，应取得相应的特种设备安全管理人员资格证书。安全管理员的主要职责如下：

1. 组织建立客运索道安全技术档案。

2. 办理特种设备使用登记。

3. 组织制定客运索道操作规程。

4. 组织开展客运索道安全教育和技能培训。

5. 组织开展客运索道定期自行检查。

6. 编制客运索道定期检验计划，督促落实定期检验和隐患治理工作。

7. 按照规定报告客运索道事故，参加客运索道事故救援，协助进行事故调查和善后处理。

8. 发现客运索道事故隐患，立即进行处理；情况紧急时，可以决定停止使用客运索道，并且及时报告本单位安全管理负责人。

9. 纠正和制止客运索道作业人员的违章行为。

（三）操作人员

使用单位应根据本单位客运索道数量、特性等配备取得相应客运索道作业人员资格证书的作业人员，并且在使用客运索道时应保证每站至少有一名持证的作业人员在岗。客运索道作业人员的主要职责如下：

1. 严格执行客运索道有关安全管理制度，并且按照操作规程进行操作。

2. 按照规定填写作业、交接班等记录。

3. 参加安全教育和技能培训。

4. 进行经常性维护保养，对发现的异常情况及时处理，并且做好记录。

5. 作业过程中发现事故隐患或者其他不安全因素，应立即采取紧急措施，并且按照规定的程序向客运索道安全管理人员和单位有关负责人报告。

6. 参加应急演练，掌握相应的应急处置技能。

第三节　客运索道安全风险控制

一、日常运营时的安全风险控制

（一）乘客管理

乘客进入索道站后，应遵守以下规定：

1. 车上（吊椅、吊篮、吊厢）严禁吸烟、嬉闹和向外抛撒废弃物品。

2. 禁止携带易燃易爆和有腐蚀性、有刺激性气味的物品上车。

3. 对于患有高血压、心脏病以及不适于登高的高龄乘客，建议不要乘坐吊椅式索道。

4. 未经许可，乘客不得擅自进入机房或控制室。

5. 无论索道是停或开，都不允许乘客从吊椅（吊篮、吊厢）上跳离或爬上去，如跳下可能导致脱索或吊椅振动太大而损坏。如中途停车或发生其他故障，勿惊慌，要听从工作人员的指挥。

6. 严禁摇摆、振动吊椅（吊篮、吊厢），站在吊椅上或吊在吊椅下有可能引发事故并缩短索道设备的寿命。

7. 自觉遵守公共秩序，服从工作人员的指挥，依次进站上车，不准硬挤和抢上，严禁从出口上、进口下。

8. 严禁在站台上照相和逗留。

9. 严禁乘客乘坐吊椅（吊篮、吊厢）通过驱动轮和迂回轮。

（二）日常运营检查

1. 驱动部分

（1）钢架结构无扭曲变形，螺栓紧固有效。

（2）驱动轮轮衬磨损余厚不小于原厚度的三分之一，否则应及时更换轮衬。

（3）驱动轮转动灵活，无异常摆动和异常声响。

（4）制动闸杠杆系统动作灵敏可靠，销轴不松晃，不缺油；闸轮表面无油迹，液压系统不漏油。

（5）钢丝绳运行应平稳，速度正常，否则应查明原因及时处理。

2. 迂回轮及张紧装置

（1）轮衬磨损余厚不小于原厚度的三分之一，否则应及时更换轮衬。

（2）迂回轮转动灵活，无异常摆动和异常声响。

（3）能够随时灵活调节运载钢丝绳在运行过程中的张力，活动部位移动灵活，活动滑轮上下移动灵活，不卡轮轴、不歪斜。

（4）滑动尾轮架距滑动导轨的极限位置不小于 500 mm，否则要考虑更换钢丝绳。

3. 吊椅部分

（1）各部件齐全完整，螺栓紧固有效，无开焊、裂纹或变形。

（2）锁紧装置齐全、有效，无变形。

（3）摩擦衬垫固定可靠。

4. 轮系部分

（1）所有的托轮、压轮应转动灵活、平稳、不晃动。

（2）各部件连接螺栓紧固有效，焊缝无开裂现象。

5. 钢丝绳部分

钢丝绳断丝不超过四分之一，磨损锈蚀不超过其使用寿命极限，否则应及时更换钢丝绳。

6. 电气部分

（1）索道变频器各显示器显示内容是否正常。

（2）司机台按钮开关接点是否灵活可靠，各转换开关是否正确、灵活、可靠。

（3）司机台操作按钮是否灵活可靠，指示灯和指示仪表是否指示正确。

（4）变频器各线嘴接线是否符合规程要求，有无松动。

（5）制动器电机、主电机各部分音响是否正常。

（6）各声光信号是否清晰可靠，照明灯具线路是否整齐合理、安全可靠。

（7）主电机地基螺栓及底座的固定情况。

（8）所有安全保护动作是否正常，全线急停使用的钢丝绳是否完好。

二、周期性安全检查

（一）维护保养和安全检查基本要求

1. 使用单位应根据所使用客运索道的特点和使用状况以及使用维护说明书对客运索道进行维护保养和自行检查。

2. 使用单位应制定维护保养和自行检查计划，并按照计划进行设备维护保养和自行检查。维护保养和自行检查应符合有关安全技术规范和使用维护保养说明的要求，由持证作业人员实施，并做好相关记录。

3. 使用单位应建立安全保护装置清单，对安全保护装置进行定期校验、检修，并做出记录。

4. 客运索道在每日投入使用前，使用单位应按照有关安全技术规范和使用维护保养说明的要求进行试运行和例行安全检查，对安全保护装置进行检查确认，并且做出记录。使用单位应根据其使用的客运索道的类型和特点，制定例行安全检查项目清单及相应的检查操作规程。

5. 经试运行和例行安全检查确认没有异常情况后，使用单位方可开始正常运营。

6. 使用单位应对维护保养、自行检查、试运行等过程中发现的异常情况及时进行处理，并且做出记录，保证在用客运索道始终处于正常使用状态。

（二）周检

1. 驱动部分

（1）轮缘、辐条无裂纹、变形，键不松动，紧固螺母无松动。

（2）松闸状态下，闸瓦间隙不大于 2.5 mm；制动时闸瓦与闸轮紧密接触，有效接触面积不小于设计要求的 60%。

（3）闸带无断裂现象，磨损余厚不小于 3 mm，闸轮表面沟痕深度不大于 1.5 mm，沟宽总计不超过闸轮有效宽度的 10%。

（4）声光信号完好齐全，吊挂整齐，防爆、报警信号灵敏可靠。若发现信号异常，应及时修复。

2. 迂回轮及张紧装置

（1）轮缘、辐条无裂纹、变形，轴不松动，紧固螺母无松动。

（2）重锤上下活动灵活，不卡、不挤、不碰支撑架，配重安全设施稳固可靠。

3. 轮系部分

轮衬贴合紧密无脱离现象，轮衬磨损余厚不小于 5 mm。

4. 电气部分

（1）变频器内部各继电器及配件是否完好、动作是否可靠。

（2）所有电气设备内部线路板的灰尘清理。

（3）所有电机电源线是否有损坏现象，各控制开关是否动作灵活可靠。

（4）电机声音、温度是否正常。

（5）低压开关的各项保护是否动作可靠，接线是否完好，声音是否正常。

（6）所有安全保护接点及固定情况。

（三）月检

1. 驱动部分

混凝土基础牢固可靠，未出现开裂现象。

2. 迂回轮及张紧装置

收绳装置灵活可靠。

3. 轮系部分

托轮架稳固，无弯曲变形及位置偏移等现象。

4. 电气部分

（1）低压开关、隔离开关是否接触可靠，操作机构是否灵活，各保护跳闸是否灵敏可靠。

（2）主电机的定子、转子接线是否紧固整齐，地线连接是否可靠，主电机地基螺栓是否松动。

（3）所有接线、接地线是否良好。

（4）主电机润滑油脂情况。

（5）所有电气设备接线盒是否良好。

（6）机壳及外露金属表面，均应进行防腐处理。

三、应急处置

（一）客运架空索道发生紧急情况时，可采取的应急处置措施

1. 应根据地形情况配备救护工具和救护设施，沿线不能垂直救护时，应配备水平救护设施。救护设备应有专人管理，存放在固定的地点，并方便存取。救护设备应完好，在安全使用期内，绳索缠绕整齐。吊具距离地面大于 15 m 时，应用缓降器救护工具，绳索长度应适应最大高度救护要求。

2. 采用垂直救护时，沿线路应有行人便道，由索道吊具中救下来的游客可以沿人行

道回到站房内。

3. 应有与救护设备相适应的救护组织，人员要到岗。

（二）常见的两种救护方法

1. 当外部供电回路电源停电，或主电机控制系统发生故障时，应开启备用电源，如柴油发电机组供电，借辅助电机以慢速将客车拉回站内。

2. 当机械设备、站口系统、牵引索等发生重大故障导致索道不能继续运行时，必须采用最简单的方法，在最短的时间内将乘客从客车内撤离到地面。营救时间不得超过3 h。撤离方法取决于索道的类型、地形特征、气候条件、客车离地面高度。

第四节　客运索道事故类型与分析

客运索道常见事故分为三类。

（一）出现事故或故障后能开启紧急驱动系统，即使故障复杂但可以通过开启紧急驱动系统，保证将游客运送至安全地方。

1. 后果：乘客滞留在索道上；产生惶恐、惊慌心理。

2. 原因：设备存在故障或安全隐患。

3. 预防措施：必须购置有特种设备制造许可证的设备，加强设备维护保养及维修。

（二）由于设备零部件损坏，致使紧急驱动系统不能开启，此类事故及故障必须更换零部件才能开车。在日常工作中积极想办法提高更换零部件的能力，提前做好专用工具和工装，做好训练，增加工装，备足备件，通过培训和演练对所有涉及的问题提高应急处置能力。

1. 后果：乘客滞留在索道上；产生惶恐、惊慌心理。

2. 原因：由于设备零部件损坏造成紧急驱动系统不能开启。

3. 预防措施：必须购置有特种设备制造许可证的设备。同时，在维保、维修时使用原厂配件，来保证设备安全运行。

（三）设备出现事故及故障后，无法开启紧急驱动系统，且无法在可控的时间内将故障修复，或继续运行将造成重大人身伤亡或重大财产损失，此类故障出现后必须立即启动应急救援。

1. 后果：重大人身伤亡或重大财产损失。

2. 原因：由于设备本身原因，造成运行装置、安全装置失效。

3. 预防措施：必须购置有特种设备制造许可证的设备，加强设备检查、设备维护保养和维修。同时，维修过程中使用原厂配件。

复习题及参考答案

一、复习题

（一）判断题

1. 客运架空索道应在托（压）索轮外侧安装捕捉器，内侧安装挡绳板，不得妨碍抱索器通过托（压）索轮。（　）

2. 客运索道的安全制动器一般安装在高速轴上，大多使用电磁液压推杆制动器或圆盘制动器。（　）

3. 客运地面缆车站台、机房、控制室之间应装有永久性直通电话系统，其中至少有一处应装有与外界联系的电话。（　）

4. 单线循环式客运架空索道运行轨道末端应装设缓冲器。（　）

5. 按照《特种设备目录》，客运索道分为往复式客运索道、循环式客运架空索道。（　）

（二）单选题

1. 客运索道文件鉴定机构应当至少有（　）名设计文件鉴定人员。

A. 2　　B. 3　　C. 4　　D. 5

2. 客运索道每项设计文件鉴定的鉴定人员不少于（　）名。

A. 2　　B. 3　　C. 4　　D. 5

3. 客运索道安装、改造、修理单位应当在验收后（　）日内将安全技术规范要求的出厂文件监督检验证明、无损检测报告以及竣工报告、调试及试运行记录、自检报告等安装、改造、修理相关技术资料和文件移交使用单位存档。

A. 15　　B. 20　　C. 30　　D. 60

4. 客运索道（　）施工在施工过程中不需要监督检验。

A. 安装　　B. 改造　　C. 重大修理　　D. 一般修理

5. 按照《特种设备目录》，高位客运拖牵索道是指拖牵索距地面高度大于（　）m。

A. 1　　B. 1.5　　C. 2　　D. 4

6. 客运架空索道和客运缆车在安装监督检验合格后每（　）年进行1次全面检验。

A. 1　　B. 2　　C. 3　　D. 6

7. 客运索道使用单位（　）对客运索道安全使用负责。

A. 主要负责人　　B. 安全管理人员　　C. 作业人员　　D. 法人代表

8. 客运索道使用单位应当按照安全技术规范的要求，在定期检验周期届满前（ ）向特种设备检验机构提出定期检验要求。

A. 半个月 B. 1 个月 C. 20 天 D. 2 个月

9. 下列关于客运索道使用单位作业人员应当履行的职责，说法错误的（ ）。

A. 熟悉应急救援流程，发现设备运行不正常时，应当按照操作规程采取措施保证安全

B. 情况紧急时，可以决定停止使用并及时报告本单位有关负责人

C. 负责设备使用状况日常检查、维护保养

D. 严格执行有关操作规程和操作人员守则

10. 客运索道发生事故，使用单位应当立即（ ）并按照应急预案采取措施，组织抢救，并及时向事故发生地特种设备安全监督管理部门和有关部门报告。

A. 停止使用 B. 监护使用 C. 报废 D. 拆除

二、参考答案

（一）判断题

1. √ 2. × 3. √ 4. × 5. √

（二）单选题

1.D 2.A 3.C 4.D 5.C

6.C 7.A 8.B 9.B 10.A

第九章　场（厂）内专用机动车辆

第一节　场（厂）内专用机动车辆基础知识

一、场（厂）内专用机动车辆基本概念

广义上，场（厂）内专用机动车辆是指从事非道路交通运输，在本企业所在区域或在本企业生产经营活动范围内的施工作业现场区域内行驶作业的各类机动车辆。它是利用动力装置驱动或牵引的，在特定区域内作业和行驶。

根据《特种设备目录》，场（厂）内专用机动车辆是指除道路交通、农用车辆以外仅在工厂厂区、旅游景区、游乐场所等特定区域使用的专用机动车辆。

工厂厂区是指有明确管理边界，从事加工、组装等的制造厂厂区、港口（码头），铁路货场和物流园区。旅游景区是指有明确管理边界，纳入风景游览区、公园、动物园、植物园范畴管理的区域。游乐场所是指有明确管理边界，纳入游乐场、主题公园范畴管理的区域。

二、场（厂）内专用机动车辆特征与分类

1. 场（厂）内专用机动车辆主要特征

（1）不受公安交通运输部门和农机部门管理。

（2）主要执行企业内的装卸、运输、施工作业等任务，行驶作业区域场所相对固定。

（3）车辆由企业自行管理，发生的事故属企业内的生产事故，由特种设备安全监督管理部门处理。

2. 场（厂）内专用机动车辆按照动力特点分类

按动力可分为手动车辆和机动车辆。手动车辆是靠人力运行的车辆。机动车辆是靠动力源供给能量，由原动机驱动实现运行的。根据原动机的不同可分为：

（1）内燃车辆。由内燃机（包括柴油机、汽油机和代用燃料发动机）驱动。

（2）电动车辆。由电动机驱动，由蓄电池供给能量或由电网供给能量。

（3）内燃电动车辆。由内燃机带动发电机，再由电动机驱动。

3. 场（厂）内专用机动车辆按照安全技术规程分为机动工业车辆和非公路用旅游观光车辆。

（1）机动工业车辆，通常指叉车。叉车，是指可由司机直接操纵（含遥控），通过门架和货叉将载荷起升到一定高度进行作业的自行式车辆，包括平衡重式叉车、前移式叉车、侧面式叉车、插腿式叉车、托盘堆垛车、三向堆垛式叉车。安装在货叉架或者货叉上的可拆卸式属具，不视为叉车的一部分。

（2）非公路用旅游观光车辆，是指具有4个及以上车轮、非轨道无架线、座位数（含司机座位）不小于6个且用于旅游观光运营服务的自行式乘用车辆，包括观光车和观光列车。

三、常见的场（厂）内专用机动车辆

（一）机动工业车辆

1. 平衡重式叉车（图9-1）

具有承载货物（带托盘或不带托盘）的货叉（也可以是其他属具），载荷相对于前轮呈悬臂状态，并且依靠车辆的质量来进行平衡的堆垛用起升车辆。

图9-1　平衡重式叉车

2. 前移式叉车（图 9-2）

带有外伸支腿，通过移动可伸缩的门架或货叉进行载荷搬运的堆垛用起升车辆。

图 9-2 前移式叉车

3. 侧面式叉车（图 9-3）

门架或货叉位于两车轴间，可在垂直于车辆的运行方向横向伸缩，在车辆的一侧以平衡重式的方式进行装载、起升、堆垛或拆垛作业的起升车辆。

图 9-3 侧面式叉车

4. 插腿式叉车（图 9-4）

带有外伸支腿，货叉位于两支腿之间，载荷质心始终位于稳定多边形内的堆垛用起升车辆。

图 9-4 插腿式叉车

5. 托盘堆垛车（图 9-5）

货叉位于支腿正上方的堆垛用起升车辆。

图 9-5 托盘堆垛车

6. 三向堆垛式叉车（图 9-6）

可在车辆前端及两侧进行堆垛或取货的高起升堆垛车辆。

图 9-6　三向堆垛式叉车

（二）非公路用旅游观光车辆

1. 观光车。指具有 4 个及以上车轮的非轨道无架线的非封闭型自行式乘用车辆，包括蓄电池观光车和内燃观光车。

2. 观光列车。指具有 8 个及以上车轮的非轨道无架线的、由一个牵引车头与一节或者多节车厢组合的非封闭型自行式乘用车辆，包括蓄电池观光列车（根据《场（厂）内专用机动车辆安全技术规程》TSG 81—2022，蓄电池观光列车的驱动方式为电动机，且动力源为锂电池组）和内燃观光列车。

四、场（厂）内专用机动车辆性能参数和基本结构

（一）工业搬运车辆性能参数

1. 装卸性能

装卸性能用来表征车辆的装卸能力和工作范围。表示叉车装卸性能的参数有：

（1）额定起重量

额定起重量是指货叉上的货物重心位于规定的载荷中心距上时，允许起升的货物最大重量。

（2）载荷中心距

载荷中心距是指额定起重量货物的重心至货叉垂直段前表面的水平距离，以 mm 表示。载荷中心距与起重量有关，起重量大，载荷中心距也大。不同车型按照不同的额定起重量规定了相应的载荷中心距。

（3）最大起升高度

最大起升高度是指叉车在平坦坚实的地面，额定起重量、门架处于垂直状态下起升至最高位置，货叉水平段上表面至地面的垂直距离，以 mm 表示。叉车最大起升高度作为叉车的一项重要性能参数在标准中做出明确规定，其系列为 1500、2000、2500、2700、3000、3300、3600、4000、4500、5000、5500、6000、7000。

（4）自由起升高度

自由起升高度是指在无载状态、门架垂直、门架高度不变的条件下起升，货叉水平段上表面至地面最大的垂直距离。具有自由起升的叉车可改善其通过性。根据自由起升高度不同，分为部分自由起升和全自由起升两种。

①部分自由起升。部分自由起升是指在叉车外形高度不变的条件下，能将货物起升 300 mm 左右的高度，使叉车既便于行驶，又不增加外形高度，能方便地通过仓库和车间的门。

②全自由起升。全自由起升是指在叉车外形高度不变的条件下，货叉充分地起升。全自由起升使得叉车在低净空场所（如船舱内、车厢内、集装箱内等）可进行低高度的堆码装卸作业，扩大叉车的使用范围。

（5）最大起升速度

最大起升速度是指叉车满载时货物起升的最大速度。最大起升速度直接影响叉车的作业效率。提高起升速度是国际上叉车行业的共同趋势。

（6）门架倾角

门架倾角是指无载叉车在平坦坚实路面上，门架相对其垂直位置向前和向后的最大倾角。门架倾角分为门架前倾角和门架后倾角。门架前倾角的作用是为了便于叉取和卸放货物，门架后倾角的作用是叉车带货行驶时，防止货物从货叉上滑落，增加叉车行驶的纵向稳定性。内燃叉车门架后倾角一般为 12°，蓄电池叉车的门架后倾角一般为 9°。

2. 运行性能

叉车运行性能用来表征叉车运行的各种能力及适于运行的场合。运行性能包括牵引性能、制动性能、机动性能、通过性能等。

（1）牵引性能

牵引性能也称为动力性能，表征叉车能克服各种运行阻力而以需要的速度运行的能力。表示牵引性能的主要参数是最大运行速度、最大牵引力、最大爬坡度及车辆的加速能力等。

①最大运行速度。最大运行速度是指叉车在空载或满载运行状态所能实现的最大速度。严格来说，试验过程中测试仪器显示的是瞬时（或即时）最大行驶速度，所以最大运行速度是测试过程所得到的最大行驶速度的平均值。

②最大牵引力。牵引力大，则叉车起步快，加速能力强。由于叉车具有运送距离

短，起步停车、转向频繁等作业特点，加速能力十分重要。

最大牵引力是指叉车在额定载荷状态和空载状态两种情况下的最大挂钩牵引力。叉车一般不作为牵引车使用，因此叉车的最大挂钩牵引力往往是从功率储备的角度表示叉车所具有的加速能力。

③最大爬坡度。叉车的最大爬坡度是指叉车在无载和满载状态下，在坚实良好的路面上以低挡等速度行驶时能爬越的最大坡度，以度或百分数表示。

叉车满载行驶时的最大爬坡度一般由原动机的最大转矩和低速挡总传动比决定。对于内燃叉车来说，空载行驶的最大爬坡度通常由驱动轮与地面的附着力决定。蓄电池叉车的最大爬坡度从本质上说取决于电动机的过转矩能力。叉车最大爬坡度应满足叉车作业的具体要求，例如在库房内作业的叉车，其最大爬坡度应大于库房门口坡度；在铁路部门的叉车，其最大爬坡度应大于货物站台两端的坡度。

（2）制动性能

制动性能是叉车迅速减速停车的能力，通常以紧急制动时的制动距离来衡量；目前逐渐以牵引杆拉力率表示叉车的制动性能。

（3）机动性能

叉车的机动性能表示其通过狭窄曲折通道及在最小面积内回转的能力。叉车主要在仓库、货场、车间、车厢、船舱及集装箱内进行堆垛或装卸作业。这些地方一般通道狭窄，供叉车作业的面积很小，所以叉车的机动性直接影响到它能否在这些地方工作或进行装卸作业的生产率。另一方面，叉车的机动性能影响到仓库、货场有效面积利用率。衡量叉车机动性能的主要指标有最小转弯半径、直角通道最小宽度、直角堆垛通道最小宽度、回转通道最小宽度。其中叉车最小转弯半径是叉车机动性能的最基本指标。

（二）车辆的基本结构

场（厂）内专用机动车辆构造一般由五个部分组成：动力装置、底盘、工作装置、液压系统和电气设备。以平衡重式叉车为例，其总体构造如图 9-7 所示。

1. 动力装置

目前场（厂）内专用机动车辆用动力装置主要有电动机和内燃机两类。内燃机又分柴油机和汽油机两种。内燃机一般由机体、曲柄连杆机构、配气机构、供给系统、润滑系统、冷却系统、点火系统（柴油机无）和起动系统等部分组成。

（1）机体是发动机的基本骨架，它包括气缸体、气缸盖、气缸垫、缸套、上曲轴箱（大多与气缸体制成一体）、下曲轴箱（油底壳）等主要机件。

（2）曲柄连杆机构包括活塞、活塞环、活塞销、连杆、曲轴、飞轮等机件。曲柄连杆机构的主要作用是由气缸内燃料燃烧产生的高温高压气体推动直线运动的活塞经连杆驱动曲轴做旋转运动，将燃料燃烧的化学能转化为以一定转矩和转速旋转的曲轴的机

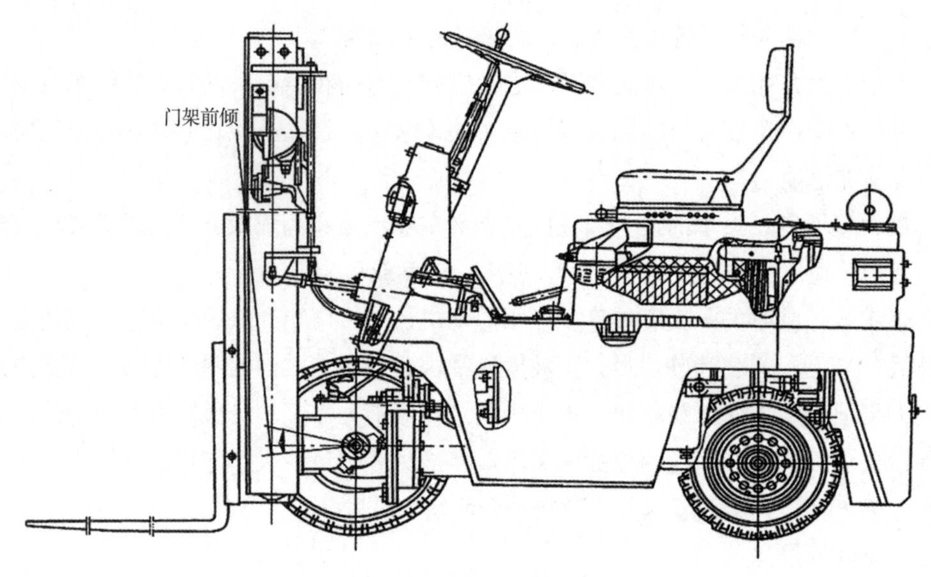

图 9-7　平衡重式叉车总体构造

械能。

（3）配气机构由进气门、排气门、气门弹簧及弹簧座、摇臂及摇臂车推杆、挺柱、凸轮轴及正时齿轮等机件组成。配气机构用来使进气门和排气门适时开启和关闭，以保证各气缸内进气、压缩、燃烧做功和排气过程的正常进行。

（4）供给系统。

汽油机供给系统由汽油箱、汽油滤清器、汽油泵、空气滤清器、化油器、进气歧管、排气歧管、排气消声器等机件组成。汽油机供给系统用来将过滤清洁的空气与汽油按不同的比例进行混合，进入气缸燃烧做功，并排出燃烧过的废气。

柴油机供给系统由空气滤清器、进气歧管、柴油箱、柴油滤清器（粗滤和细滤）、输油泵（发动机驱动及手动驱动）、喷油泵、喷油器、排气歧管及消声器等组成。柴油机供给系统用来使过滤清洁的空气进入气缸，并根据各气缸工作情况，按时将清洁的高压柴油喷入气缸，使之燃烧做功并排出燃烧过的废气。

（5）润滑系统包括机油泵、机油滤清器（集滤器、粗滤器及细滤器）、机油散热器等机件。润滑系统用于润滑发动机各摩擦表面，使其阻力减小，并对摩擦表面起冷却、清洁作用。

（6）水冷却系统包括风扇、水泵、水散热器（水箱）、节温器等机件。冷却系统用于冷却发动机，使其保持在最适宜的温度下工作。风冷却系统只需风扇来直接冷却气缸体及气缸盖外表面。

（7）起动系统一般由起动电动机及其控制装置组成，用于使静止的发动机起动。

（8）点火系统。

由于柴油机是压燃式发动机，因而没有点火系统。汽油机的点火系统由点火开关、点火线圈、分电器、火花塞等机件组成。点火系统用于将电源的低压电变成高压电，并分配给应当点火的气缸火花塞，点燃可燃混合气体。

2. 底盘

底盘是车辆的基体，用于在其上安装车辆的动力装置、工作装置及其各种附属设备，使车辆能够正常工作。底盘由传动系统、行驶系统、转向系统和制动系统四个部分组成。

（1）传动系统将动力装置的动力按车辆行驶的要求传给驱动车轮。传统的机械传动系统由离合器、变速器、万向传动装置、主减速器、差速器、半轴和轮边减速器等机件组成。

（2）场（厂）内专用机动车辆一般采用轮式行驶系统。行驶系统一般由车架、车桥、车轮和悬架等组成。行驶系统是车辆的基体，它将车辆连成一个整体，承受和传递车辆与地面间的各种载荷，并保证车辆能在各种路面上平稳地行驶。

（3）轮式车辆转向一般是由驾驶人通过转向系统机件改变转向车轮的偏转角来实现的。转向系统一般由转向盘、转向器和转向传动机构组成。

（4）为了保证车辆行驶安全，车辆必须有性能良好的制动系统，以根据需要迅速减速或停车。制动系统一般由制动器和制动驱动机构两个部分组成。

3. 工作装置

工作装置是场（厂）内专用机动车辆进行各种作业的直接工作机构。货物的叉取、升降堆码都靠工作装置完成。常用的叉车工作装置的主要部分包括货叉、叉架（滑架）、门架、链条和滑轮等，起升液压缸是叉架的驱动部分，倾斜液压缸使门架前后倾斜，以满足工作需要。为了做到一机多用，提高机器效能。除货叉外，叉车还可配备多种工作属具。

4. 液压系统

场（厂）内专用机动车辆的液压系统主要用于工作装置及大型车辆的液压助力转向或全液压转向。一个完整的液压系统一般由以下四个部分组成：

（1）动力机构：液压泵，将机械能转变为液体的压力能。

（2）执行机构：包括液压缸或液压马达，把液体的压力能转换为直线运动或旋转运动的机械能。

（3）操纵机构：又称控制调节装置，通过它们来控制和调节液流的压力、流量（速度）及方向，以满足车辆工作性能的要求，并实现各种不同的工作循环。该部分包括分配阀、节流阀和溢流阀等部件。

（4）辅助装置：包括油箱、油管、管接头、滤清器等。

5. 电气设备

普通以内燃机为动力的车辆，其用电设备有起动电动机、点火系统（汽油机）、照明及信号设备、空调设备、仪表设备等。以蓄电池为牵引动力的车辆，电气设备主要是牵引电动机及照明、信号设备等。

6. 行驶系统

行驶系统支持整车的质量和载荷，并保证车辆行驶和进行各种作业。场（厂）内专用机动车辆普遍采用轮式行驶系统。轮式行驶系统由车架、车桥、车轮和悬架等组成。车架通过悬架连接着车桥，而车轮则安装在车桥的两端，如图 9-8 所示。

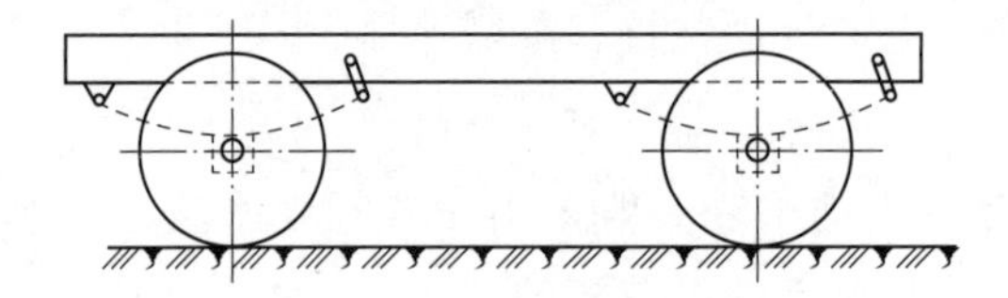

图 9-8 轮式行驶系统的组成示意

对于行驶速度较低的各种作业车辆，为了保证其作业时的稳定性，一般不装悬架，而将车桥直接与车架连接，仅依靠低压橡胶轮胎缓冲减振，因此缓冲性能较装有弹性悬架的汽车较差。

7. 转向系统

车辆在行驶中经常改变行驶方向，转向系统的功能是当左右转动转向盘时，通过转向联动机构带动转向轮，使车辆改变行驶方向。

场（厂）内专用机动车辆行驶方向的改变是通过转向轮（一般是后轮）在路面上偏转一定角度来实现的。而对于一般车辆来讲，还有偏转前轮转向方式、前后轮同时偏转转向方式、斜行转向方式、多桥转向方式、铰接车架转向方式和速差（滑移）转点方式等多种方式。按照转向系统能源的不同，转向系统又可分为机械转向系统（人力转向系统）、助力转向系统和全液压转向系统三种。下面以机械转向系统为例，说明转向系统的组成和工作原理，如图 9-9 所示。

转向系统由转向操纵机构、机械转向器和转向传动机构三个部分组成。驾驶人操纵转向器工作的机构叫作转向操纵机构，包括转向盘、转向轴、万向节、转向传动轴等机件。机械转向器是一个减速增扭机构，用来解决转向阻力矩很大而驾驶人体力小的矛盾。转向传动机构用来将转向器输出的力和运动传给两个万向节，从而使两侧转向轮按一定关系进行偏转的机构。转向传动机构包括转向摇臂、转向主（纵）拉杆、转向节臂、转向梯形臂和转向横拉杆等机件。

8. 制动系统

（1）制动系统的作用为制约车辆的运动速度。车辆上装有制动装置，制动装置的功用有：

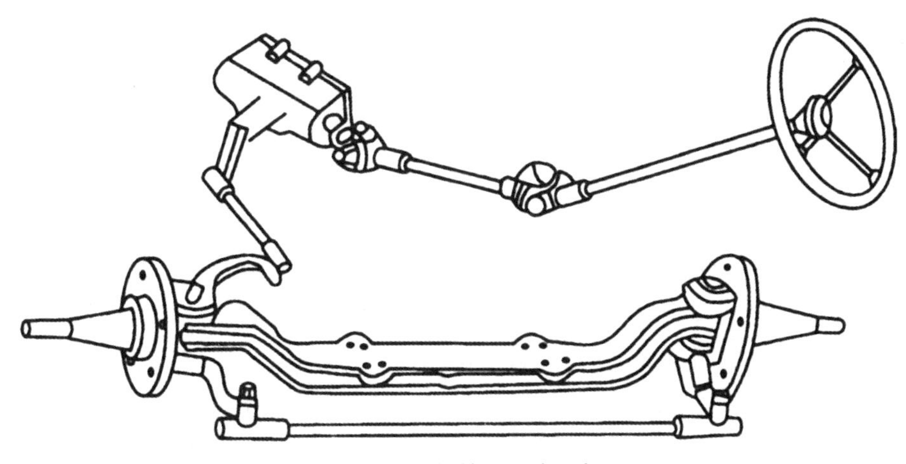

图 9-9　机械转向系统示意

①使车辆相当迅速地减速，以致停车。

②防止车辆在下长坡时超过一定的速度。

③使车辆稳定停放而不致溜滑。

（2）制动系统的工作原理

可用图 9-10 所示的简单液压制动系统来说明制动系统的工作原理。固定在车轮轮

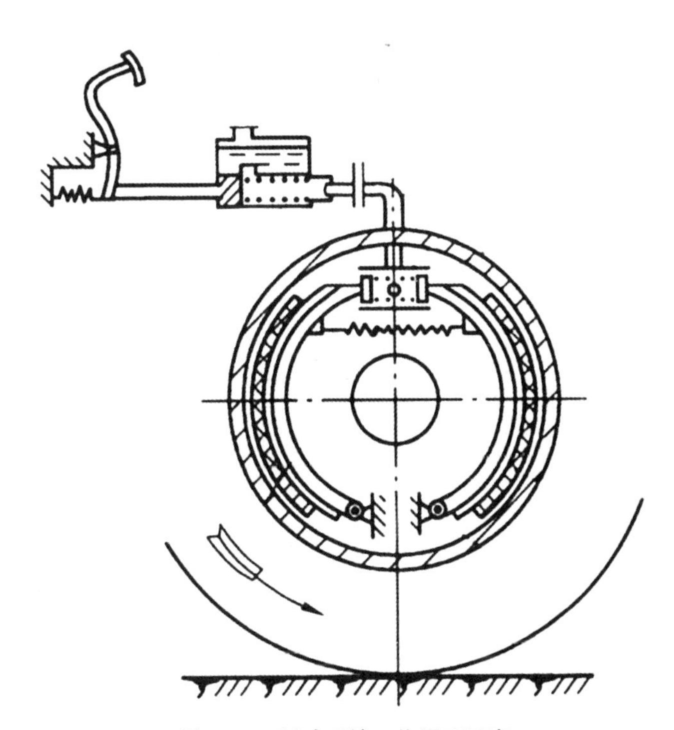

图 9-10　制动系统工作原理示意

壳上随车轮一起转动的制动鼓，其内圆柱面为工作表面。在固定不动的制动底板上，通过两个支承销，铰接支承着两个弧形制动蹄的下端。两个制动蹄上部的制动底板上还固定有两个活塞的制动轮缸。制动轮缸用油管与固定在车架上的制动主缸相连接。

在制动系统不工作时，回位弹簧使制动鼓的内圆柱面与制动蹄之间留有一定大小的间隙，车轮及制动鼓可以自由转动。

当驾驶人踏下制动踏板时，通过推杆推动主缸活塞后移，制动主缸将产生高压油液经油管流入制动轮缸中，推动两个轮缸活塞外移而使两个制动蹄绕各自的支承销转动，制动蹄上的摩擦片将压紧在制动鼓的内圆柱面上。这时不转动的制动蹄对旋转的制动鼓作用一个与其转动方向相反的摩擦力矩（也叫制动力矩）。由于制动力矩的作用，使车轮对地面作用着一个向前的圆周推力，同时地面也对车轮作用着一个向后的反作用推力。这个反作用推力是使车辆制动的外力，叫作制动力。制动力经车轮、车桥、悬架传给车架、车身，迫使车辆减速。制动力越大，车辆的减速度也越大。但是与车辆的牵引力类似，车辆制动力的大小不仅取决于制动力矩的大小，还受轮胎与地面附着条件的限制。当驾驶人放松制动踏板时，回位弹簧将制动蹄拉回原位，制动力矩和制动力消失。

由以上分析可以看出，整个制动系统包括两个部分，即制动器和制动驱动机构。直接产生制动力矩的部件称为制动器，一般车辆在全部车轮上都装有制动器；制动踏板、制动主缸和轮缸等总称为制动驱动机构，其作用是将来自驾驶人或其他动力装置的作用力传到制动器，使其中的摩擦副互相压紧，达到制动的目的。

（3）制动系统的分类

以上介绍的制动器是供车辆在行驶中减速使用的，故称行车制动系统。它只是当驾驶人踩下制动踏板时起作用，而在放开制动踏板后，制动作用消失。在车辆上还必须设有一套停车制动装置，用它来保证车辆停驶后，即使驾驶人离开，仍能保持原地停住，特别是能在坡道上原地停住。这套制动装置常用制动手柄操纵，并可锁定在制动位置，称为驻车制动装置。与此相应，前面所说的行车制动装置也称制动踏板装置。为了确保行驶安全，车辆上必须具有十分可靠的上述两套制动装置。

按照制动操纵的动力分类，制动系统又可分为人力制动系统、伺服制动系统（助力制动系统）和动力制动系统三种。按照制动能量传递方式，制动系统又可分为机械式、液压式、气压式和电磁式等。

9. 车辆控制仪表

（1）蓄电池车辆的控制仪表

蓄电池车辆的操作主要是通过主令电器来接通和分断控制电路，它包括转换开关、行程开关和按钮等。转换开关能对电路进行多种转换，由于转换的线路较多，用途又广泛，所以又叫万能转换开关，常用的有 LW 系列。行程开关是利用机械部件的位移而动作的电器，如蓄电池叉车控制液压泵电动机就采用微动式行程开关。当操作分配阀手柄移到某位置时，行程开关可控制电动机的工况，常用的有 LX 系列。

虽然蓄电池车辆的控制电路复杂，但在驾驶室除控制操作手柄外，仪表盘上的指示仪表相对内燃发动机驱动的车辆要少得多。因为依靠蓄电池驱动，所以主要有一个工作电压指示表和行驶速度表。电压表可表示蓄电池的充、放电过程。在目前蓄电池车辆使用的晶体管脉冲调速控制系统中，还设有电池过放电时自动切断电动机电路的放电指示器，以及电动机电刷磨损监控器。

车辆使用的灯具有大、小照明灯，制动指示灯，转向指示灯，倒退指示灯等。所使用的灯具型号与汽车灯具型号相同，一般有 XD、WD、D-Q、CA-10 等系列。

车辆安装的灯具要牢固，对灯泡要有保护装置，不得因为车辆的正常工作振动而松脱、损坏，失去作用。所用灯具开关要可靠，开启、关闭应自如，且不得因车辆的振动自行开启或关闭。

（2）内燃发动机驱动的控制仪表

该类车辆的控制指示仪表多而杂，有机油压力表、挂挡压力表、水温表、油温表、电流表及车速里程表，全部安装在仪表盘上。操作手柄、仪表盘构成如图 9-11 所示。

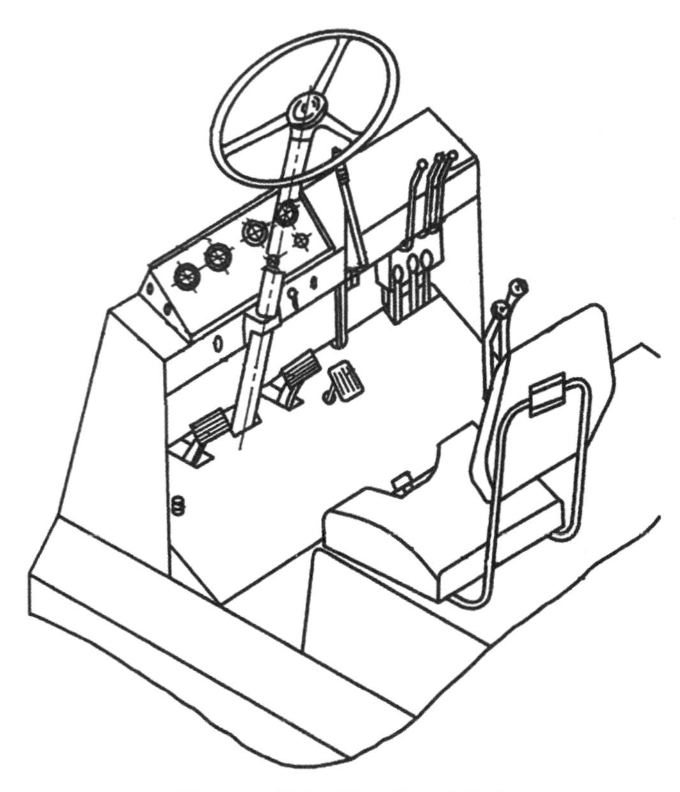

图 9-11　操作手柄、仪表盘构成

①机油压力表。该表为直接感应式，用于测量发动机润滑系统的油压。车辆正常行驶过程中，必须保证发动机对机油压力的要求，这在发动机使用手册中有说明。

②挂挡压力表。该表为直接感应式，用于测量液力传动车辆的换挡离合器操作油压。对于机械传动车辆不设此表。

③水温表。该表为直接感应式，用于测量气缸水套的水温，正常水温应为 80 ～ 90 ℃。

④油温表。该表为直接感应式，用于测量液力传动变矩器的油温，正常油温应在 100 ℃以内。

⑤油量表。该表为电磁遥控式，由位于仪表盘上的燃油指示表及装在燃油箱上的燃油传感器所组成。燃油表刻度盘上有 0、1/2、4/4 三个数，分别指示燃油箱的油量为"空""半""满"。该表能近似地表示燃油箱内燃油的存储量。为了使用户能准确地了解到燃油存储量，在燃油箱上特意增加了一条燃油量刻度尺。

⑥电流表。该表为电磁式，其刻度盘为中央零点式。在表盘上有"+""-"标记。该表串联在蓄电池的充电电路里，用以测量蓄电池的充电或放电电流值。表针指向"+"端表示充电，反之为放电。

⑦车速里程表。机械传动式里程表用于标明叉车的行驶速度及累计车辆正行、倒车总里程。

⑧开关与照明装置。

10. 门架升降系统

门架升降系统是叉车的工作装置，是叉车最富有特色的部件。它负责货物的起升及相应的装卸、堆垛动作，并对叉车的整机性能有极大的影响。

为了解决装卸作业车辆所需的大起升高度与低结构高度之间的矛盾，叉车的门架由内门架和外门架组成，并且里、外嵌套，用起升液缸使内门架可在外门架内移动，成为可伸缩的构造。

门架升降系统根据要求的起升高度及车辆最低结构高度的限制，可做成二级嵌套（只有内门架和外门架），称为二级门架；或做成三级嵌套（有内门架、中门架、外门架），称为三级门架，但不管几级门架，其嵌套构造的方式是类似的。

自由提升要靠门架构造来实现，它是指在内门架顶端不伸出外门架顶端时，货叉提升，其水平上表面距地面的最大高度。具有自由提升的门架装置能改善叉车运行的通过性。

五、车辆评价与选型

场（厂）内专用机动车辆品种规格繁多，使用环境和作业要求各异，用户应在正确评价的基础上合理选择车型。首先根据用户的使用要求，如货流量、货物种类、搬运距离、堆垛高低等，进行性能、经济性和维修条件的综合评价。选型可根据评价的结果确定，如果物流中的货物种类单一或物流量较少，则选用单一车型少数几种搭配即可满足要求；反之，如果需要多种车辆协同作业，则必须进行多种搭配方案的比较与选择，才能最终确定合理且经济的选型。

1. 车辆的评价

（1）性能评价

性能评价需基于对下述使用条件和车型性能的了解：

①作业场合。需要了解车辆是在室内、室外或室内外作业；环境状况，如是否存在易燃、易爆等；路面状况，如满载或空载时需通过的最大坡度和坡道长度，地面、楼层或楼梯的承载能力等；车辆通过的地方净空情况等。

②装载的单元货物。需要了解货物、托盘或货箱的尺寸，单元质量及载荷中心距等，如装载多件桶时需要的夹持保护方式等。

③仓储条件。需要了解货物在货架上的存储方式、最低层和最高层货物堆放的高度及通道的宽度。

④作业状况。需要了解作业班次、搬运路程长度及每班搬运和装卸总量。

⑤车辆的适配性能。需要了解车辆主要性能，如额定起重量、载荷中心距、起升高度、外形尺寸、运行速度、牵引力、爬坡度等；车辆使用的能源类型与能耗情况；车辆的视野、噪声、操作的难易度和属具配备的情况等。

⑥售后服务质量。需要了解供货方服务网点的配置，配件供应情况、服务质量及费用等。

（2）经济性评价

经济性评价主要是核算单机使用中发生的各项费用，如购置费、维护保养费和能源费等。多种车型搭配组成的搬运系统，其经济性需要在单机经济性评价的基础上进行综合评价。购置高性能的车辆或配备属具，虽然购置费增加了，但作业效率高，总的搬运成本将会降低。

（3）维修条件评价

维修条件的指标是用两次大修之间的总工作小时数中因维修而停机的小时数所占的比例来衡量。影响因素包括车辆的可靠性、维护保养、服务和备品配件供应的及时程度等。如果作业不能间断，还需要配备备用车辆，或因备品配件供应不及时需要增加库存量，由此增加的搬运费用应予以重视。

2. 选型

车辆选型中应注意的问题有：

（1）搬运车辆 / 起升车辆

在搬运装卸作业中，当搬运距离小于 50 m 时，一般应选用堆垛用起升车辆，如各类叉车；当搬运距离在 50 ～ 300 m，一般应选用堆垛用起升车辆和非堆垛用低起升车辆搭配作业，如各类叉车和托盘搬运车、平台搬运车的搭配作业。

（2）电动车辆 / 内燃车辆

采用不同动力和能源的机动车辆在某些性能和用途方面的比较见表 9-1。

表 9-1　性能和用途

<table>
<tr><th colspan="2" rowspan="2">项目</th><th rowspan="2">电动车辆</th><th colspan="2">内燃车辆</th></tr>
<tr><th>汽油车</th><th>柴油车</th></tr>
<tr><td rowspan="4">性能</td><td>机动性</td><td>○</td><td>○</td><td>○</td></tr>
<tr><td>废气排放</td><td>○</td><td>×</td><td>△</td></tr>
<tr><td>噪声振动</td><td>○</td><td>△</td><td>×</td></tr>
<tr><td>操作的难易度</td><td>○</td><td>△</td><td>△</td></tr>
<tr><td rowspan="3">性能</td><td>燃料的补给</td><td>△</td><td>○</td><td>○</td></tr>
<tr><td>购置费用</td><td>×</td><td>△</td><td>○</td></tr>
<tr><td>维修费用</td><td>○</td><td>×</td><td>△</td></tr>
<tr><td rowspan="8">用途</td><td>长距离搬运</td><td>×</td><td>○</td><td>○</td></tr>
<tr><td>连续作业</td><td>△</td><td>○</td><td>○</td></tr>
<tr><td>通风困难场所</td><td>○</td><td>△</td><td>△</td></tr>
<tr><td>低噪声场所</td><td>○</td><td>△</td><td>×</td></tr>
<tr><td>拒异味场所</td><td>○</td><td>×</td><td>×</td></tr>
<tr><td>狭窄场所</td><td>○</td><td>×</td><td>×</td></tr>
<tr><td>低温（冷库）场所</td><td>○</td><td>×</td><td>×</td></tr>
<tr><td>易燃场所</td><td>○</td><td>×</td><td>×</td></tr>
</table>

注：○表示好（适用）；△表示一般；× 表示差（不适用）。

以室内作业为主的场合一般应优选电动车辆。兼顾室内和室外作业时，可以选用液化石油气或带有暖气净化装置的内燃车辆。柴油车排放废气中的气味和黑烟易被人察觉，而汽油车排放尾气中无色无味的一氧化碳更危害人体健康。电动车辆在环境保护和卫生方面优于内燃车辆，虽然其购置费用较高，但流动费用较低，经济寿命较长，总的经济性良好：同内燃车辆比较，使用不到两年，电动车辆的年使用费用就低于内燃车辆。

（3）平衡重式叉车 / 其他类型叉车

平衡重式叉车是最为常见、数量最多且用途最广泛的一种叉车，为适应不同的工作对象和提高作业效率，可配置其他的属具。但在某些作业场所，使用其他类型叉车更为适宜。如图 9-12 所示，在仓库内作业，为提高仓储面积有效利用率，即减少作业通道宽度，三向堆垛叉车、前移式叉车所需要的作业通道宽度分别为平衡重式叉车的 50% 和 70%。在长物件堆垛作业中，采用侧面式叉车所需要的作业通道宽度远小于平衡重式叉车。

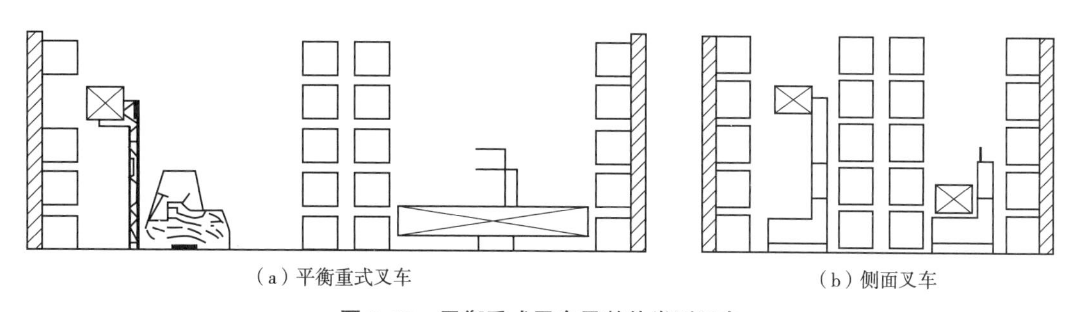

（a）平衡重式叉车　　（b）侧面叉车

图 9-12　平衡重式叉车及其他类型叉车

六、车辆作业安全与环境保护

各种类型的场（厂）内专用机动车辆日益增多，其应用范围也更加广泛。场（厂）内专用机动车辆作业特点是往复重复性较强的短途运输或装卸，其安全性往往容易被人们所忽视。加强场（厂）内专用机动车辆的安全管理和技术检验，不断提高场（厂）内专用机动车辆的安全技术状况，可以最大限度地减少车辆伤害事故的发生。

1. 场（厂）内专用机动车辆的作业安全要点

（1）车辆的额定能力和产品标志。

（2）车辆的稳定性和制动性能。

（3）车辆的运行方向控制和控制符号。

（4）车辆的动力系、起升倾斜和其他动作装置的要求。

（5）车辆的保护装置。

（6）车辆的操作和维护。

2. 车辆的可靠性

（1）车辆的可靠性定义及故障分类

车辆的可靠性是指车辆在规定的条件、时间内完成规定功能的能力，从这一定义出发，不能完成规定功能的事件便是故障，因此车辆故障的定义是车辆的零部件及整车在规定条件下和规定时间内丧失其规定功能的现象。

按照导致车辆故障的原因，故障可分为本质故障和从属故障。由车辆零部件本身内在因素所导致的故障称为本质故障，它是车辆可靠性评定的依据；由车辆内在因素以外的原因所诱发的故障称为从属故障，如驾驶人违章操作等。按对人身安全的危险程度，车辆故障可分为四个等级，见表 9-2。

表 9-2　车辆故障等级

故障类别	分类原则
致命故障	危及车辆行驶安全，导致人身伤亡，引起主要总成报废，造成重大经济损失，或对周围环境造成严重危害
严重故障	影响行驶安全，导致主要总成、零部件损坏或性能显著降低，且不能用随车工具和易损备件在短时间内修复
一般故障	造成停车或性能降低，但一般不会导致主要总成、零部件损坏，并可用随车工具和易损备件在短时间内修复
轻微故障	一般不会导致停车或性能降低，不需更换零部件，用随车工具在短时间内能轻易排除

（2）车辆可靠性评价指标

车辆可靠性评价指标较多，目前在工业车辆应用较多的可靠性评价指标有以下三项：

①平均首次故障时间 MTTFF。

②平均故障间隔时间（或平均无故障工作时间）MTBF。

③平均有效度 A，它是指车辆在特定时间内维持其规定功能的概率，即

$$A=\frac{\text{车辆能工作的时间}}{\text{车辆能工作的时间}+\text{车辆故障停机时间}}$$

叉车行业采用上述三项指标作为评定叉车优等品、一等品和合格品重要指标之一。确定可靠性指标值主要考虑下列因素：国内外同类产品的可靠性水平；用户的要求或合同的规定；技术和经济的权衡。可靠性的指标不是越高越好，要从技术可行性、研制开发周期、成本效益等几个方面进行综合分析和平衡。

3. 车辆的噪声

车辆的噪声属于环境物理污染范畴，其特点是：污染是局部性的，在污染源停止运转后，污染也就立即消失。凡是干扰人们休息、学习和工作的声音，即不需要的杂乱无章的声音称为噪声。在表示噪声的声级时，常用 dB（A），加 A 表示噪声除声压外还与频率有关。机动车辆噪声测定采用声级计，特点是简单易测，与主观感觉评价基本一致。

场（厂）内专用机动车辆噪声主要来自发动机、工作液压装置、传动系统及结构件（如门架）。噪声的强弱与机动车辆的类型、运动速度有关。各国制定的机动车辆允许标准有所不同：我国 0.5 ～ 1 t 平衡重式叉车规定内燃叉车的车外最大允许噪声级不大于 90 dB（A），蓄电池叉车的车外最大允许噪声级不大于 80 dB（A）；货车（8 t ≤载重量＜ 15 t）车外（7.5 m 处）最大允许噪声级不大于 89 dB（A）。通常，从保护人听力出发，绝对安全的标准应小于 85 dB（A），但在实际制定噪声标准时，还考虑可行性和经济性。随着经济发展及劳动保护要求的提高，对场（厂）内专用机动车辆噪声限制的标准或法规性要求将日益完善。

4. 车辆废气净化

随着保护生态环境得到日益重视，造成环境污染的内燃车辆废气排放受到越来越严格的法规限制：内燃车辆排放的污染物主要有一氧化碳（CO）、碳氢化合物（HC）、氮氧化合物（NO）及微粒物（PM）等。

控制内燃车辆排放的技术措施一般可分为机内和机外两类。机内措施是通过改变发动机本身或附件来改变发动机的燃烧过程，以减少污染物的排放量；机外措施是通过安装某些装置来处理已经排至发动机排气管外或发动机外的污染物。此外，采用天然气、石油气等代用燃料也是降低内燃车辆排放物的措施之一。

5. 在危险环境使用的机动车辆

场（厂）内专用机动车辆不管是内燃车辆还是电动车辆，在危险区域内进行货物的

装卸、搬运等作业，一旦出现点火源，其后果不堪设想。因为在存在易燃气体和粉尘的作业场所会形成易爆混合物，所以在危险环境中使用的车辆必须遵守我国有关防爆安全法规，即由国务院颁布的防爆安全行政法规与国家市场监督管理总局颁布实施的防爆安全技术标准。这些法规严格规定了爆炸危险区域划分、防爆规章制度、爆炸防护措施、爆炸性物质的种类、爆炸极限和发生的条件、防爆安全装置的使用、保养及危险环境作业人员的教育考核办法等。

七、场（厂）内专用机动车辆完好标准

为了确保场（厂）内专用机动车辆安全可靠、经济合理地运行，场（厂）内专用机动车辆完好标准见表 9-3，各单位可根据实际使用情况制定相应的各类车辆完好标准。

表 9-3　场（厂）内专用机动车辆完好标准

序　号	项　目	内　容	考　核
1	整车检查	车辆牌照、证件、技术资料及档案齐全	
		装载危险品或行驶危险场所符合要求	
2	动力系统	发动机（电动机）等运转正常	
3	灯光、电气系统	车辆设置转向灯、制动灯，灵敏可靠	
		电气系统运转正常、可靠	
4	传动装置	传动装置运转正常	
5	行驶系统	行驶系统操作动作正确，灵敏可靠	
6	车架装置	车架及前后桥结构合理，运行可靠	
7	转向系统	转向机构操作正确无误，灵敏可靠	
8	制动系统	车辆行车制动装置效能符合要求	
		点制动时无跑偏现象	
		手柄操作制动装置灵敏可靠	

续上表

序　　号	项　　目	内　　容	考　　核
9	工作辅助装置	工作传动装置齐全、使用可靠	
10	专用（车用）机械装置	专用机械装置使用可靠	

第二节　场（厂）内专用机动车辆使用安全管理

一、场（厂）内专用机动车辆使用单位基本要求

1. 使用单位的基本要求遵守《场（厂）内专用机动车辆安全技术规程》TSG 81—2022 和《特种设备使用管理规则》的规定，同时还应当符合以下要求：

（1）取得营业执照。

（2）对其区域内使用场车的安全负责。

（3）根据场车的用途、使用环境，选择适应使用条件要求的场车，并且对所购买场车的选型负责。

（4）购置观光车辆时，保证观光车辆的设计爬坡度能够满足使用单位行驶线路中的最大坡度的要求，并在销售合同中明确。

（5）场车首次投入使用前，向产权单位所在地的特种设备检验机构申请首次检验。

（6）检验有效期届满的 1 个月以前，向特种设备检验机构提出定期检验申请，接受检验，并且做好定期检验相关的配合工作。

（7）流动作业的场车使用期间，在使用所在地或者使用登记所在地进行定期检验。

（8）制定安全操作规程，至少包括系安全带、转弯减速、下坡减速和超高限速等要求。

（9）场车驾驶人员取得相应的特种设备安全管理和作业人员证，持证上岗。

（10）按照 TSG 81—2022 规程要求，进行场车的日常维护保养、自行检查和全面检查。

（11）叉车使用中，如果将货叉更换为其他属具，该设备的使用安全由使用单位负责。

（12）在观光车辆上配备灭火器。

（13）履行法律、法规规定的其他义务。

2. 作业环境

（1）场车的使用单位应当根据本单位场车工作区域的路况，规范本单位场车作业环境。

（2）观光车行驶的路线中，最大坡度不得大于 10%（坡长小于 20 m 的短坡除外）；

观光列车的行驶路线中，最大坡度不得大于4%（坡长小于20 m的短坡除外）。

（3）场车如果在《中华人民共和国道路交通安全法》规定的道路上行驶，应当遵守公安交通管理部门的相关规定。

（4）因气候变化原因，使用单位可以采取遮风、挡雨等措施，但是不得改变观光车辆非封闭的要求。

3. 观光车辆的行驶线路图

使用单位对观光车辆行驶线路的安全负责。使用单位应当制定车辆运营时的行驶线路图，并且按照线路图在行驶路线上设置醒目的行驶线路标志，明确行驶速度等安全要求。观光车辆的行驶路线图应当在乘客固定的上下车位置明确标识。

二、场（厂）内专用机动车辆使用管理相关知识

1. 场（厂）内专用机动车辆使用单位安全管理机构和人员要求

场（厂）内专用机动车辆使用单位符合以下条件时，需设置专门的安全管理机构，并逐台落实安全责任人：

（1）使用10台以下（含10台）大型游乐设施的，或者10台以上（含10台）为公众提供运营服务的非公路用旅游观光车辆的。

（2）使用特种设备（不含气瓶）总量大于50台（含50台）的。

2. 场（厂）内专用机动车辆使用单位人员资质要求

（1）安全管理负责人（需设置安全管理机构的，要取证）。

（2）各类特种设备总量20台以上需配备专职安全管理员，并取证。

（3）作业人员，取证且在有效期内，保证每台车至少1人。

3. 场（厂）内专用机动车辆技术档案要求

使用单位应当逐台建立特种设备安全与节能技术档案，安全技术档案应符合要求。

4. 场（厂）内专用机动车辆使用登记和变更

（1）使用登记

①特种设备在投入使用前或者投入使用后30日内，使用单位应当向特种设备所在地的直辖市或者设区的市的特种设备安全监管部门申请办理使用登记。办理使用登记的直辖市或者设区的市的特种设备安全监管部门，可以委托下一级特种设备安全监管部门（以下简称登记机关）办理使用登记；对于整机出厂的特种设备，一般应当在投入使用前办理使用登记。

②流动作业的特种设备，向产权单位所在地的登记机关申请办理使用登记。

③国家明令淘汰或者已经报废的特种设备，不符合安全性能或者能效指标要求的特种设备，不予办理使用登记。

（2）变更登记

按台（套）登记的特种设备改造、移装、变更使用单位或者使用单位更名、达到设计使用年限继续使用的，按单位登记的特种设备变更使用单位或者使用单位更名的，相关单位应当向登记机关申请变更登记。

办理特种设备变更登记时，如果特种设备产品数据表中的有关数据发生变化，使用单位应当重新填写产品数据表。变更登记后的特种设备，其设备代码保持不变。

①改造变更

特种设备改造完成后，使用单位应当在投入使用前或者投入使用后30日内向登记机关提交原使用登记证、重新填写使用登记表（一式两份）、改造质量证明资料以及改造监督检验证书（需要监督检验的），申请变更登记，领取新的使用登记证。登记机关应当在原使用登记证和原使用登记表上作注销标记。

②单位变更

特种设备需要变更使用单位，原使用单位应当持使用登记证、使用登记表和有效期内的定期检验报告到原登记机关办理变更；或者产权单位凭产权证明文件，持使用登记证有效期内的定期检验报告到原登记机关办理变更；登记机关应当在原使用登记证和原使用登记表上作注销标记，签发特种设备使用登记证变更证明。

③更名变更

使用单位或者产权单位名称变更时，使用单位或者产权单位应当持原使用登记证、单位名称变更的证明资料，重新填写使用登记表（一式两份），到登记机关办理更名变更，换领新的使用登记证。2台以上批量变更的，可以简化处理。

④不得申请单位变更的情况

有下列情形之一的特种设备，不得申请办理单位变更：

a. 已经报废或者国家明令淘汰的。

b. 进行过非法改造、修理的。

c. 无出厂技术资料的。

d. 检验结论为不合格或者能效测试结果不满足法规、标准要求的。

⑤停用

特种设备拟停用1年以上的，使用单位应当采取有效的保护措施，并且设置停用标志，在停用后30日内填写特种设备停用报废注销登记表，告知登记机关。重新启用时，使用单位应当进行自行检查，到使用登记机关办理启用手续；超过定期检验有效期的，应当按照定期检验的有关要求进行检验。

⑥报废

对存在严重事故隐患，无改造、修理价值的特种设备，或者达到安全技术规范规定的报废期限的，应当及时予以报废，产权单位应当采取必要措施消除该特种设备的使用功能。特种设备报废时，按台（套）登记的特种设备应当办理报废手续，填写特种设备停用报废注销登记表，向登记机关办理报废手续，并且将使用登记证交回登记机关。

非产权所有者的使用单位经产权单位授权办理特种设备报废注销手续时，需提供产权单位的书面委托或者授权文件。

使用单位和产权单位注销、倒闭、迁移或者失联，未办理特种设备注销手续的，使用登记机关可以采用公告的方式停用或者注销相关特种设备。

⑦使用标志

a. 特种设备使用登记标志与定期检验标志合二为一，统一为特种设备使用标志。

b. 场（厂）内专用机动车辆的使用单位应当将车牌照固定在车辆前后悬挂车牌的部位。

三、场（厂）内专用机动车辆日常维保和检查

1. 一般要求

（1）使用单位应当对在用场车至少每月进行 1 次日常维护保养和自行检查，每年进行 1 次全面检查，保持场车的正常使用状态；日常维护保养、自行检查和全面检查应当按照有关安全技术规范和产品使用维护保养说明的要求进行，发现异常情况，应当及时处理，并且记录，记录存入安全技术档案；日常维护保养、自行检查和全面检查记录至少保存 5 年。

（2）场车在每日投入使用前，使用单位应当按照使用维护保养说明要求进行试运行检查，并且作出记录；在使用过程中，使用单位应当加强对车的巡检，并且作出记录。

（3）场车出现故障或者发生异常情况，使用单位应当停止使用，对其进行全面检查，消除事故隐患，并且作出记录，记录存入安全技术档案。

（4）场车的日常维护保养、自行检查由使用单位的场车作业人员实施，全面检查由使用单位的场车安全管理人员负责组织实施，或者委托其他专业机构实施；如果委托其他专业机构进行，应当签订相应合同，明确责任。

2. 日常维护保养、自行检查和全面检查

使用单位应当根据叉车和观光车辆具体类型，按照有关安全技术规范及相关标准、使用维护保养的要求，选择日常维护保养、自行检查和全面检查的项目。使用单位可以根据场车的使用繁重程度、环境条件状况，确定高于本规程规定的日常维护保养、自行检查和全面检查的周期和内容。

3. 有关项目和内容的基本要求

（1）在用场车的日常维护保养，至少包括主要受力结构件、安全保护装置、工作机构、操纵机构、电气（液压、气动）控制系统等的清洁、润滑、检查、调整、更换易损件和失效的零部件。

（2）在用场车的自行检查，至少包括整车工作性能、动力系统、转向系统、起升系统、液压系统、制动功能、安全保护和防护装置、防止货叉脱出的限位装置（如定位锁）、载荷搬运装置、车轮紧固件、充气轮胎的气压、警示装置、灯光、仪表显示等，以及《场（厂）内专用机动车辆安全技术规程》TSG 81—2022 附件中定期（首次）检验的项目。

（3）在用场车的全面检查，除包括前项要求的自行检查的内容外，还应当包括主要受力结构件的变形、裂纹、腐蚀，以及其焊缝、铆钉、螺栓等的连接，主要零部件的变形、裂纹、磨损，指示装置的可靠性和精度，电气和控制系统功能的检查，必要时还需要进行相关的载荷试验。

第三节　场（厂）内专用机动车辆安全风险控制

一、场（厂）内专用机动车辆危险有害因素辨识

1. 机动车相关合法性资料查阅。购买是否为有资质生产厂家特种设备，使用过程中是否按国家相关规定进行了年检，操作人员是否持有相关机动车有效证件，机动车日常保养记录是否完整连续。

2. 安全隐患动态管理。查机动车制动系统是否完好有效，查操作人员是否按规定操作行驶，查机动车是否按规定保养检修。

二、场（厂）内专用机动车辆危险有害因素治理方法

1. 资料建立健全

建立健全场（厂）内机动车辆安全管理制度、场（厂）内机动车辆安全岗位职责、场（厂）内机动车辆安全操作规程、事故应急救援专项预案等。

2. 不同种类场（厂）内机动车辆危险有害因素治理方法及场（厂）内专用机动车辆安全管理制度。

（1）企业应加强对场（厂）内专用机动车辆的安全管理，保证场（厂）内专用机动车辆的安全运行。

（2）企业应建立健全场（厂）内专用机动车辆安全管理规章制度，并认真执行。

（3）场（厂）内专用机动车辆的制造、改造单位，应当经国务院特种设备安全监督管理部门许可，方可从事相应的活动。

（4）场（厂）内专用机动车辆应逐台建立特种设备安全技术档案，其内容包括设计文件、制造单位、产品质量合格证明、使用维护说明等文件以及安装技术文件和资料；定期检验和定期自行检查的记录；日常使用状况记录；设备及其安全附件、安全保护装

置、测量调控装置及有关附属仪器仪表的日常维护保养记录；运行故障和事故记录。

（5）在用新增及改装的场（厂）内专用机动车辆应由用车单位到所在直辖市或者设区的市的特种设备安全监督管理部门登记。登记标志应当置于或者附着于该特种设备的显著位置。

（6）场（厂）内专用机动车辆遇有过户、改装、报废等情况时应及时到所在地区特种设备安全监督管理部门办理登记手续。

（7）场（厂）内专用机动车辆驾驶人员属特种作业人员，应当按照国家有关规定经特种设备安全监督管理部门考核合格，取得国家统一格式的特种设备安全管理和作业人员证书，方可从事相应的作业或者管理工作。

三、场（厂）内专用机动车辆危险操作

1. 行驶中瞭望不足。
2. 操作失误。
3. 货物未可靠固定。
4. 视线受阻时违规正向行驶。
5. 超速行驶。
6. 超载。
7. 行驶中门架或货叉未落到低位。
8. 叉齿上违规站人。
9. 应急处置时未停车熄火。

四、场（厂）内专用机动车辆安全操作

1. 驾驶作业前的安全准备工作

（1）做好严格、细致的交接班，特别要交接好车辆安全装置技术状况。工作前要穿戴好劳动保护用品，严禁赤脚或穿拖鞋操作。

（2）女驾驶员的发辫必须卷在帽内，以确保安全。

（3）身体过于疲劳、睡眠严重不足和酒后严禁上车操作。

（4）驾驶员有权拒绝违章指挥，发现车辆具有影响人身安全的隐患或设备损坏时，应及时修好后再作业。严禁开“带病”车。

2. 出车前检查

（1）检查转向装置各部件的连接是否牢固可靠。

（2）检查车辆的灯光、仪表、信号装置、反射器、喇叭等是否完好，各种开关是否灵活。车厢板、车门、门锁等装置是否牢固可靠。

（3）检查轮胎、车轴、传动轴、钢板弹簧等处的螺栓、螺母是否牢固，轮胎气压是

否符合规定，牵引装置是否连接可靠。

（4）检查蓄电池电解液是否充足，连接是否牢固。

（5）对内燃车辆，检查机油、燃油、冷却水是否充足，发动机等动力装置的表面附属件是否齐全有效。

（6）检查物资装载是否合理、安全、可靠。

3. 行车中的注意事项

（1）起步前须先检查车旁和车下有无人、畜和障碍物，观察车辆周围情况，确认安全后，关好车门，鸣号起步；起步时应采用低速挡；起步后应先试验制动器和转向部件是否良好。

（2）前、后换向应在车辆完全停稳后进行。

（3）下陡坡时，应采取低速挡，同时继续轻踩制动踏板，不得紧急制动，以免车辆向前倾覆；上坡时，也应及时转换为低速挡。转弯时应提前减速，急转弯时应先转换为低速挡。

（4）行驶中，除紧急情况外，一般不要使用紧急制动，应采取预见性制动，或利用减速滑行降低车速。

（5）在厂区行驶时应遵守厂区限速规定，不得高速行车，并遵守厂区交通规则。

（6）同方向行驶时，前后车距不得小于 5 m。

4. 作业安全要求

（1）按指挥信号和指挥人员的指挥作业。

（2）发现机械有异常时，应立即停止作业，查明原因，不能带病作业或行驶。

（3）因天气、场地和货物影响安全操作时，不得强行作业、行驶。

（4）不得超载作业。

（5）在作业过程中，车辆的任何部位不准乘坐、站立人员。

（6）不准在操作时吸烟、闲谈、打瞌睡、饮食或做其他妨碍安全的活动。

（7）不准擅自把车辆交给他人驾驶或驾驶与有关执照不相符合的车辆。

（8）不准将货物悬吊在空中停留而离开驾驶室或进行检修及长距离行驶等。

（9）汽油机在运转时，不准添加汽油。

（10）夏天洗刷车辆时，不准用冷水冲洗热发动机或电器部分。

（11）土方施工或在车站、码头作业时，不准背靠坡边、火车线路、站台、堤岸边沿作业。

5. 停放要求

机动车辆不准在下列地方停放：

（1）距消防设备 20 m 以内。

（2）仓库进出口、交叉路口、铁道口、厂房门口等危险地段。

（3）距离地磅 15 m 以内及妨碍交通、影响作业的地段。

（4）在通过架空线路或在架空线路下作业时，机械各部距架空线路距离不得小于规定数值。

（5）尽量避开斜坡停放，停放时确保制动器启用。

6. 行驶后的检查

（1）停车后应拔下钥匙，切断电路，拉紧手制动器，并把变速杆放在低速挡。

（2）对车辆进行清扫和保养。

（3）检查各类仪表，熄火后查看有无漏电现象。

（4）检查照明、信号是否正常。

（5）检查有无漏油现象。

（6）检查传动带松紧度，必要时进行调整。

（7）清洁蓄电池外部，检查电解液面和极柱的连接情况。

（8）检查轮胎气压及外观，检查轮胎螺母、半轴螺母是否松动。

（9）检查钢板弹簧是否折断、骑马螺栓是否松动。

（10）检查液压制动总泵液面高度。

（11）发现故障及时汇报和排除。

（12）低温时放出冷却水，冬季做好防冻工作。

7. 新车或大修车的走合

新车或大修车虽经磨合，但零件的加工表面还较粗糙，加工后的形状和位置还存在一定的偏差，因此必须有一段初始的走合期。其目的在于提高表面质量，使之达到良好配合，以延长使用寿命。走合期应注意以下事项：

（1）在走合前必须仔细检查各部位及燃油、润滑油、冷却水等。

（2）走合期必须限速行驶，车速不得超过 15 km/h。

（3）走合期不能猛轰油门，怠速运转 2 ～ 3 min 后才能行驶，并按规定载重物料。

（4）走合期不要在恶劣的路面上行驶。

（5）应检查各部分，紧固各部螺栓，并进行必要的调整。

（6）走合期结束后，应更换润滑油，再投入正常使用。

8. 机动车辆驾驶员操作要求

（1）驾驶车辆时，必须携带特种设备安全管理和作业人员证，严禁转借、涂改、伪造。若有丢失立即声明，按规定补办。驾驶无顶驾驶室车辆在现场作业，应戴好安全帽等必要的劳动保护用品。

（2）行车时，须关好车门、车厢，摩托车驾驶员须戴头盔。

（3）严禁酒后驾驶车辆。

（4）不准驾驶与准驾车类不相符合的车辆。

（5）不准在驾驶车辆时吸烟、饮食、攀谈和做其他妨碍行车安全的活动。

（6）不准将车交给无证人员驾驶。

（7）不准在身体过度疲劳或患病等影响安全行车的情况下驾驶车辆。

（8）不准驾驶安全设备不全、机件失灵或违章装载的车辆。

（9）严格遵守企业内各种安全标志，试车时须悬挂试车牌照，不得在非指定路段试车。

（10）须自觉接受质监部门、车辆管理部门、安全监督管理部门有关人员的监督、检查、安全指挥和违章处理。

（11）机动车辆驾驶人员负有监督装卸的责任。

复习题及参考答案

一、复习题

（一）判断题

1. 按照《特种设备目录》，机动工业车辆包括叉车、推顶车、牵引车和搬运车。(　)

2. 观光车的整备质量是指包含乘载人员在内的整车装备质量，包含电池质量。(　)

3. 观光车辆使用单位应当制定车辆运营时的行驶线路图，并且按线路图在行驶路线上设置醒目的行驶线路标志，明确行驶速度等安全要求。(　)

4. 按照《特种设备目录》，场（厂）内专用机动车辆是指除道路交通、农用车辆以外的其他机动车辆。(　)

5. 全面检查由使用单位的场车作业人员负责组织实施，或者委托其他专业机构实施。(　)

（二）单选题

1. 目前场（厂）内专用机动车辆的定期检验周期均为(　)年。

A. 1　　B. 2　　C. 3　　D. 4

2. 场（厂）车的日常维护保养、自行检查由使用单位的场车(　)实施。

A. 作业人员　　B. 安全管理人员　　C. 安全管理负责人　　D. 技术负责人

3. 从事改造、修理的单位应当在场车改造、修理后，由从事改造、修理的单位(　)。

A. 自检　　B. 维护保养　　C. 全面检查　　D. 测试

4. 使用单位应当对在用场（厂）车日常维护保养、自行检查和全面检查记录至少保存(　)年。

A. 1　　B. 2　　C. 3　　D. 5

5. 在用场（厂）内专用机动车辆的规章制度包括岗位责任制、(　)和岗位操作规程。

A. 产品质量检验　　B. 安全管理制度

C. 考勤制度　　D. 产品抽查

二、参考答案

（一）判断题

1. × 2. × 3. √ 4. × 5. ×

（二）单选题

1.A 2.A 3.A 4.D 5.B

参 考 文 献

[1] 宋涛 . 特种设备安全监察与检验检测及使用管理专业基础 [M]. 长沙：湖南科学技术出版社有限责任公司，2021.

[2] 杨申仲，李秀中，岳云飞，等 . 特种设备管理与事故应急预案 [M]. 2 版 . 北京：机械工业出版社，2022.